नेहरू बाल पुस्तकालय

स्पेस शटल

पृथ्वी ग्रह में निर्मित अब तक की सबसे जटिल मशीन

काली शंकर

nbt.india
एकः सूते सकलम्
राष्ट्रीय पुस्तक न्यास, भारत
NATIONAL BOOK TRUST, INDIA

ISBN 978-81-237-6935-6
पहला संस्करण : 2013
दूसरी आवृत्ति : 2019 (*शक* 1941)

Space Shuttle *(Hindi Original)*

₹ 195.00

निदेशक, राष्ट्रीय पुस्तक न्यास, भारत
नेहरू भवन, 5 इंस्टीट्यूशनल एरिया, फेज-II
वसंत कुंज, नई दिल्ली-110 070 द्वारा प्रकाशित
www.nbtindia.gov.in

विषय-सूची

दो शब्द

स्पेस शटल को पृथ्वी ग्रह में निर्मित अब तक की सबसे जटिल मशीन माना जाता है, जिसने अंतरिक्ष अन्वेषण प्रक्रिया को उच्च शिखर तक पहुँचाया है। यह विश्व का प्रथम पुनः प्रयोज्यीय (रीयूज़ेबल) अंतरिक्ष परिवहन यान है, जिसने अपनी 135 अंतरिक्ष उड़ानों के द्वारा अंतरिक्ष अन्वेषण के अनेक कार्य किए है। एक सामान्य रॉकेट को जब अंतरिक्ष परिवहन के रूप में प्रयोग किया जाता है, तो मिशन को पूरा करके पूरा रॉकेट नष्ट हो जाता है तथा अगले मिशन के लिए एक नए रॉकेट की आवश्यकता पड़ती है। इसके विपरीत स्पेस शटल को कई मिशनों के लिए प्रयोग में लाया जा सकता है। स्पेस शटल के प्रमुख अंग हैं—ऑरबिटर, 2 ठोस रॉकेट बूस्टर, बाह्य टैंक, 3 प्रमुख इंजन एवं नीतभार (पे लोड) बे। शटल पृथ्वी की निम्न कक्षा (185 कि.मी. से 643 कि.मी. की ऊँचाई) में 28 टन का नीतभार पहुँचा सकता है। अंतरिक्ष की कक्षा में इसकी गति 27875 कि.मी. प्रति घंटे की होती है। स्पेस शटल पृथ्वी से एक रॉकेट की भाँति उड़ता है तथा वापसी में एक वायुयान की भाँति पृथ्वी पर उतरता है।

यद्यपि स्पेस शटल 21 जुलाई, 2011 को रिटायर हो चुका है, लेकिन अपने अंतरिक्ष अन्वेषण कार्यों के कारण यह अंतरिक्ष अन्वेषण इतिहास के स्वर्णाक्षरों में अमर हो चुका है। इसकी प्रथम उड़ान 12 अप्रैल 1981 को संपन्न हुई थी तथा इसकी आखिरी उड़ान 21 जुलाई, 2011 को समाप्त हुई थी। तीस वर्ष तीन महीने की इसकी प्रचालन अवधि में इसका तकनीकी निष्पादन (परफॉर्मेन्स) 98.5 प्रतिशत रहा तथा अंतर्राष्ट्रीय अंतरिक्ष स्टेशन, अल्फा की अंतरिक्ष में असेंबली में इसका महान योगदान रहा है। इसने अनेक ऐतिहासिक अंतरिक्ष मिशनों शुक्र ग्रह प्रोब मैगेलन, बृहस्पति ग्रह मिशन 'गैलीलियो', हब्बल अंतरिक्ष दूरबीन का प्रमोचन एवं अंतरिक्ष में पाँच बार इसका रिपेयर, सौर प्रोब 'उलायसेस', चंद्रा एक्स किरण प्रेक्षणशाला का प्रमोचन किया है। इसकी तकनीकी संरचना एवं कार्यप्रणाली अनेक रोचक एवं विस्मयकारी तथ्यों से भरी हुई है। इसकी प्रथम उड़ान के कमांडर जॉन यंग तथा आखिरी उड़ान के कमांडर फेर्ग्यूसन थे। विश्व में एक ही व्यक्ति है, जो सभी पाँच स्पेस शटलों से अंतरिक्ष यात्रा कर चुके हैं और वे हैं डॉ. स्टोरी मुसाग्रेव।

इस प्रकार स्पेस शटल विज्ञान की लगभग सभी शाखाओं का मिश्रित संगम है तथा अंतरिक्ष अन्वेषण में एक अग्रणी होने का प्रतिनिधित्व करता है। आशा है, ''स्पेस शटल, पृथ्वी ग्रह में निर्मित अब तक की सबसे जटिल मशीन'' पुस्तक विद्यार्थियों, सामान्य पाठकों एवं अन्य सभी स्तर के पाठकों को रोचक लगेगी तथा स्पेस शटल जैसी जटिल मशीन को समझने एवं अंतरिक्ष अन्वेषण के क्षेत्र में इसके महान योगदानों को समझने में महान भूमिका निभायेगी।

—लेखक

पुस्तक के चित्रों की सूची

8.6 : अंतरिक्ष की कक्षा में स्पेस शटल अल्फा अंतरिक्ष स्टेशन से जुड़ी हुई अवस्था में
8.7 : शटल रूसी अंतरिक्ष स्टेशन मीर से भी अंतरिक्ष में जुड़ी थी।
8.8 : स्पेस शटल की लैंडिंग हो रही है।
8.9 : शटल की लैंडिंग के बाद अंतरिक्ष यात्री बाहर निकलते हुए
8.10 : स्पेस शटल मिशन की आखिरी (मिशन एस.टी.एस. -135) लैंडिंग
10.1 : योरोप का ऑटोमेटेड ट्रान्सफर व्हीकल
10.2 : जापान की एच-II ट्रान्सफर व्हीकल
10.3 : ओरियन बहुउद्देश्यीय व्हीकल (एम.पी.सी.वी.)
10.4 : ड्रैगन अंतरिक्ष यान
10.5 : साइग्नस अंतरिक्ष यान
10.6 : चीन का शेंजू अंतरिक्ष यान
11.1 : ऊर्ध्वाधर उड़ान एवं ऊर्ध्वाधर लैंडिंग/सिंगल स्टेज टु ऑरबिट (वी.टी.वी.एल./एस.टी.ओ.) प्रणाली के कर्णधार फिलिप्स बोनो ने रोंबस अंतरिक्ष व्हीकल का प्रस्ताव दिया
11.2 : एरोस्पेसप्लेन-1
11.3 : स्केल्ड कंपोजिट्स ने 'स्पेस शिप वन' का प्रयोग किया
11.4 : मैकडोनाल डगलस कंपनी ने डी.सी. - एक्स अंतरिक्ष यान का प्रयोग किया
12.1 : स्पेस शटल की तकनीकी पर आधारित प्रमोचन रॉकेट स्पेस लॉन्च सिस्टम (एस.एल.एस.)
12.2 : अमरीकी सीनेटर बेन नेल्सन और नासा प्रशासक एक प्रेस कॉन्फ्रेन्स में स्पेस लॉन्च सिस्टम रॉकेट की जानकारी देते हुए (14 सितंबर, 2011 को)
13.1 : स्पेस शटल की प्रथम महिला कमांडर एलीन कॉलिंस
13.2 : स्पेस शटल की दूवितीय महिला कमांडर पामेला मेलरवाय
13.3 : शटल के दूवारा अंतरिक्ष में जाने वाली प्रथम अमरीकी महिला सैली राइड
13.4 : शटल के दूवारा अंतरिक्ष में जाने वाली प्रथम माँ अन्ना फिशर
14.1 : स्पेस शटल के दूवारा अंतरिक्ष में जाने वाले (77.3 वर्ष की उम्र में) विश्व के सबसे वयोवृद्ध अंतरिक्ष यात्री जॉन ग्लेन
14.2 : स्पेस शटल की प्रथम उड़ान के कमांडर जॉन यंग
14.3 : स्पेस शटल के दूवारा अंतरिक्ष में इष्टतम सात बार जाने वाले प्रथम अंतरिक्ष यात्री जेरी रॉस
14.4 : अमरीका की सभी स्पेस शटलों से यात्रा कर चुके विश्व के प्रथम अंतरिक्ष यात्री डॉ. स्टोरी मुसाग्रेव
14.5 : शटल के दूवारा इष्टतम सात बार अंतरिक्ष में जाने वाले दूवितीय अंतरिक्ष यात्री चियांग डियाज़
15.1 : स्पेस शटल चैलेंज़र की दुर्घटना
15.2 : चैलेंज़र दुर्घटना के मृत अंतरिक्ष यात्री : (आगे) माइकल स्मिथ, कमांडर स्कोबी, रोनाल्ड मैकनेयर एवं (पीछे) : क्रिस्टा मैकाफी , ग्रेगोरी जार्विस, जूडिथ रेसनिक एलिसन ओनीजूका
15.3 : दुर्घटना में चैलेंज़र टुकड़ों में बँटता (इंटीग्रेट) हुआ
15.4 : स्पेस शटल कोलंबिया की दुर्घटना
15.5 : कोलंबिया शटल (एस.टी.एस. -107) का अंतरिक्ष यात्री दल–(बाएँ से दाएँ) ब्राउन, हसबैंड, क्लार्क, चावला, एंडर्सन, मैकूल, रेमन
17.1 : स्पेस शटल तकनीकी पर बनाया गया हृदय पंप

1

स्पेस शटल की संरचना एवं इतिहास

आज से लगभग 30 वर्ष पहले 12 अप्रैल, 1981 को अंतरिक्ष अन्वेषण के एक नए और अत्यंत आकर्षक इतिहास का प्रारंभ हुआ, जब इस दिन विश्व के प्रथम रीयूज़ेबल अंतरिक्ष यान स्पेस शटल की प्रथम उड़ान एसटीएस-1 का प्रमोचन किया गया। स्पेस शटल के उसी कार्यक्रम के बंद होने के साथ आज उसी महानतम आकर्षक इतिहास का अंत स्पेस शटल की आखिरी उड़ान एसटीएस-135 के साथ संपन्न हुआ। इस आखिरी शटल उड़ान का प्रमोचन 8 जुलाई, 2011 को हुआ तथा 21 जुलाई, 2011 को यह पृथ्वी पर वापस आया। स्पेस शटल ने अंतरिक्ष अन्वेषण के कार्यों को बड़ी तेज़ी से आगे बढ़ाया और उन्हें एक नई दिशा दी। स्पेस शटल को 'पृथ्वी ग्रह में निर्मित सबसे जटिल मशीन' का एवं 'विश्व के प्रथम पुनः प्रयोज्यीय अंतरिक्ष यान' का दर्ज़ा और संबोधन दिया गया है। अपने 30 वर्ष तीन महीने के जीवनकाल में स्पेस शटल ने अनेक

1.1 : अमरीकी स्पेस शटल

प्रोबें, अंतरिक्ष यात्री, उपकरण, समान, भोजन, पानी इत्यादि अंतरिक्ष में पहुँचाया तथा अंतरिक्ष से पृथ्वी पर वापस लाया। एक प्रमोचन रॉकेट प्रमोचन के बाद पूरा जल जाता है तथा अगले मिशन के लिए पुनः एक नए रॉकेट का प्रयोग किया जाता है, जो कि एक अत्यंत महँगा कार्य होता है। इसकी अपेक्षा एक स्पेस शटल का प्रयोग कई प्रमोचनों के लिए किया जाता है। एक स्पेस शटल का डिज़ाइन इस प्रकार से होता है कि यह 100 प्रमोचन अंतरिक्ष के लिए कर सके। यह दूसरी बात है कि नासा के पाँच स्पेस शटलों में से किसी का भी प्रयोग 100 स्पेस प्रमोचनों के लिए नहीं किया गया। स्पेस शटल का केवल एक ही अवयव होता है, जो पुनः प्रयोज्यीय (रीयूज़ेबल) नहीं है तथा वह है इसका बाह्य टैंक जो प्रत्येक शटल मिशन में अपना निर्धारित कार्य करने के बाद जल जाता है।

स्पेस शटल कार्यक्रम

नासा के स्पेस शटल कार्यक्रम को आधिकारिक तौर पर स्पेस ट्रान्सपोर्टेशन सिस्टम (एसटीएस) कहते हैं, जो एक साथ पाँच से सात अंतरिक्ष यात्री (यद्यपि आठ अंतरिक्ष यात्री भी जा चुके हैं) तथा 50,000 पौंड (22,700 कि.ग्रा.) तक का कार्गो अंतरिक्ष की निम्न कक्षा में ले जा सकता है। अंतरिक्ष मिशन पूरा हो जाने के बाद स्पेस शटल अपने मनूवर तंत्र की सहायता से अंतरिक्ष कक्षा से बाहर आ जाता है तथा पृथ्वी के

1.2 : प्रथम उड़ान के दौरान प्रमोचन पैड पर स्पेस शटल

सारणी–1.1

स्पेस शटल के तकनीकी गणक

1.	निर्माता	–	यूनाइटेड स्पेस एलायन्स, थियोकोल/एलायेन्ट टैकसिस्टम्स (एस.आर.बी.) लाकहीड मार्टिन/मार्टिन मैरिएट्टा/रॉकवेल (ऑरबिटर)
2.	संबद्ध देश	–	अमरीका
3.	आकार	–	ऊँचाई - 56.1 मीटर, व्यास–8.7 मीटर, भार–2,030 टन
4.	क्षमता	–	(i) पृथ्वी की निम्न कक्षा में नीतभार क्षमता–24,400 कि.ग्रा. (ii) पृथ्वी की भू स्थिर कक्षा में नीतभार क्षमता–3810 कि.ग्रा. (iii) ध्रुवीय कक्षा में नीतभार क्षमता–12700 कि.ग्रा.
5.	प्रमोचन इतिहास	–	(i) प्रमोचन स्थल–कैनेडी अंतरिक्ष केंद्र, वैन्डेनबर्ग वायु सेना बेस (ii) कुल संपन्न प्रमोचन–134 (जून 2011 तक) असफल प्रमोचन–2 प्रथम उड़ान–12 अप्रैल 1981 (iii) प्रमोचित विख्यात नीतभार - ट्रैकिंग एंड डाटा रिले उपग्रह, स्पेस लैब, नासा की प्रेक्षणशालाएँ (जिसमें हब्बल दूरबीन भी शामिल है), गैलीलियो, मैगेलन, उलायसेस, मीर डाकिंग मॉड्यूल, अल्फा अंतरिक्ष के अवयव
6.	बूस्टर (शून्य स्टेज)	–	ठोस रॉकेट बूस्टर (i) संख्या–2 (ii) इंजन–1 ठोस (iii) प्रणोद–12.5 मेगान्यूटन (प्रत्येक का) (iv) विशिष्ट आवेग–269 से. (v) प्रज्वलन समय–124 से. (vi) ईंधन–ठोस
7.	प्रथम स्टेज–बाह्य टैंक	–	(i) इंजन–तीन (जो ऑरबिटर में होते है) (ii) प्रणोद–5.45 मेगान्यूटन (iii) विशिष्ट आवेग–455 से. (iv) प्रज्वलन समय–480 से. (v) ईंधन–द्रव ऑक्सीजन/द्रव हाइड्रोजन
8.	दूसरी स्टेज ऑरबिटर	–	(i) इंजन–दो ओ एम ई (ii) प्रणोद–53.4 कि. न्यूटन (iii) विशिष्ट आवेग–316 से. (iv) प्रज्वलन समय–1250 से. (v) एम.एम.एच. (N_2O_4)

सारणी–1.2

स्पेस शटल के विभिन्न उपयोग

1. स्पेस लैब मिशन जिसमें शामिल हैं – (क) विज्ञान (ख) खगोलिकी (ग) क्रिस्टल ग्रोथ (घ) अंतरिक्ष भौतिकी
2. अंतरिक्ष स्टेशन 'अल्फा' का असेंबली कार्य
3. अंतरिक्ष यात्री दल रोटेशन एवं मीर और अंतर्राष्ट्रीय अंतरिक्ष स्टेशन की सर्विसिंग
4. पृथ्वी की निम्न कक्षा में मानवयुक्त परीक्षण
5. अल्फा स्टेशन के लिए 'स्पेसहैब मॉड्यूल' और 'बहुउद्देश्यीय लॉजिस्टिक्स मॉड्यूल' को पृथ्वी की निम्न कक्षा में पहुँचाना।
6. उपग्रहों को बूस्टरों नीतभार सहायक मॉड्यूल अथवा जड़त्व ऊपरीस्टेज के साथ उस बिंदु तक पहुँचाना जहाँ से वह उपग्रह भेजा जा सकता है– **(i) उच्च भू कक्षा को तथा जिसमें प्रमोचित उपग्रह/प्रेक्षणशाला है –** (क) चंद्रा एक्स-किरण प्रेक्षणशाला (ख) अनेक टी डी आर एस उपग्रह (ग) दो डी.एस.सी.एस.–III संचार उपग्रह, एक मिशन में (घ) भारतीय संचार उपग्रह इन्सैट–1 ए **(ii) अंतर्तारकीय मिशन, जिसमें शामिल है –** (क) मैगेलन प्रोब (ख) गैलीलियो अंतरिक्ष यान (ग) उलायसेस प्रोब (घ) हब्बल अंतरिक्ष दूरबीन का प्रमोचन एवं अंतरिक्ष में चार बार इसका रिपेयर क्यूजियम में चैन्टिली, वर्जीनिया तथा कैलीफोर्निया विज्ञान केंद्र, लॉस एंजीलीस, कैलिफोर्निया में स्थापित

वायुमंडल में प्रवेश कर जाता है। वापसी में यह पृथ्वी पर एक वायुयान की भाँति आता है। स्पेस शटल अपने ढंग का एकमात्र अकेला पंखयुक्त (विंग्ड) और मानवयुक्त अंतरिक्ष यान है, जो अंतरिक्ष की कक्षा तक पहुँचता है और फिर वापसी में पृथ्वी पर लैंड करता है। इसके अलावा यह अकेला अंतरिक्ष व्हीकल है जिसका प्रयोग अनेक प्रमोचन के लिए किया जाता है।

स्पेस शटल के चार प्रमुख भाग होते हैं–ऑरबिटर, बाह्य टैंक, दो ठोस रॉकेट बूस्टर और तीन प्रमुख इंजन। प्रमोचन के बाद शटल के दो ठोस रॉकेट बूस्टर इसे 28 मील की ऊँचाई तक पहुँचा देते हैं और उसके बाद ये बूस्टर पृथ्वी पर समुद्र में गिर जाते हैं, जहाँ से इन्हें अगले मिशन के लिए इकट्ठा कर लिया जाता है। शटल की 28 मील की ऊँचाई से 230 मील की ऊँचाई की यात्रा शटल के तीन प्रमुख इंजनों के द्वारा संपन्न होती है। इन इंजनों के ईंधन की आपूर्ति (द्रव हाइड्रोजन, द्रव ऑक्सीजन) बाह्य टैंक से की जाती है। खाली होने पर बाह्य टैंक अलग होकर गिर जाता है तथा पृथ्वी के वायुमंडल में प्रवेश करते समय जल जाता है। वापसी में केवल ऑरबिटर (जिसमें तीन प्रमुख इंजन लगे होते हैं) पृथ्वी पर वापस आता है। स्पेस शटल के विभिन्न तकनीकी गणक सारणी-1.1 में दिए गए हैं। स्पेस शटल के विभिन्न अंतरिक्ष अन्वेषण उपयोग सारणी-1.2 में दिए गए हैं।

स्पेस शटल की प्रारंभिक संकल्पनाएँ

शटल कार्यक्रम के प्रमुख ठेकेदार नॉर्थ अमेरिकन एवियेशन (बाद में जिसका नाम रॉकवेल इंटरनेशनल तथा अब इसका नाम बोइंग है) था तथा यह वही कंपनी है, जो अपोलो कमांड/सर्विस मॉड्यूल के निर्माण के लिए उत्तरदायी थी। शटल के ठोस रॉकेट बूस्टरों के ठेकेदार मार्टिन थियोकोल (जो अब अलायन्ट टैकसिस्टम्स का एक भाग है) तथा बाह्य टैंक के निर्माण के ठेकेदार मार्टिन मैरियेट्टा (जिसका वर्तमान नाम लाकहीड मार्टिन है) एवं शटल के तीन प्रमुख इंजनों के निर्माता रॉकेटडाइन कंपनी (जिसका वर्तमान नाम प्रैट एंड ह्निटनी रॉकेटडाइन है तथा जो यूनाइटेड टैक्नोलोजीज का एक भाग है) हैं।

प्रथम ऑरबिटर का नाम 'कॉन्स्टीट्यूशन' रखा गया था, लेकिन स्टार ट्रेक टेलीविजन सीरिज के प्रेमी लोगों ने एक हस्ताक्षर मुहिम छेड़ी तथा ह्वाइट हाउस को इसका नाम 'एंटरप्राइज' रखने के लिए मना लिया। काफी प्रशंसकों की दुआओं के साथ 17 सितंबर, 1976 को एंटरप्राइज सेवा में लगाया गया तथा इसके द्वारा अनेक ग्लाइड अप्रोच एवं लैंडिंग टैस्ट किए गए। ये टैस्ट वे थे, जिन्होंने शटल ऑरबिटर की डिज़ाइन का वास्तविक प्रमाणन पेश किया था।

1.3 : शटल के तीन प्रमुख भाग– ऑरबिटर, दो ठोस रॉकेट बूस्टर और बाह्य टैंक

प्रथम पूर्ण रूप से प्रचालित ऑरबिटर कोलंबिया था, जिसका निर्माण पाल्मडेल, कैलीफोर्निया में हुआ। यह 25 मार्च, 1979 को कैनेडी अंतरिक्ष केंद्र को सौंपा गया तथा इसका प्रमोचन यूरी गागरिन की ऐतिहासिक अंतरिक्ष उड़ान की 20 वीं सालगिरह के दिन 12 अप्रैल, 1981 को किया गया। स्पेस शटल चैलेंज़र की डिलीवरी कैनेडी अंतरिक्ष केंद्र को जुलाई 1982 में, शटल डिस्कवरी की डिलीवरी नवंबर 1983 में तथा अटलांटीस की डिलीवरी अप्रैल 1985 में की गई।

शटल कार्यक्रम का आर्थिक दृष्टिकोण

स्पेस शटल कार्यक्रम की कुल लागत 2005 तक 145 बिलियन डॉलर थी तथा आशा है कि रिटायरमेंट के समय यह लागत 174 बिलियन डॉलर हो गई थी। वर्ष 2005 में नासा ने स्पेस शटल के प्रचालन के लिए पाँच बिलियन डॉलर मंजूर किया था तथा वर्ष 2006 में इसे घटाकर 4.3 बिलियन डॉलर कर दिया गया। प्रति प्रमोचन कीमत का मापन शटल कार्यक्रम अवधि की कुल कीमत (जिसमें शामिल है–इमारतें, सुविधाएँ, प्रशिक्षण, सैलरी इत्यादि) को कुल प्रमोचन संख्या से विभाजित करके निकाला जा सकता है। 115 मिशनों (6 अगस्त 2006 तक) और 150 बिलियन डॉलर कुल कीमत (145 बिलियन डॉलर 2005 के प्रारंभ के लिए तथा पाँच बिलियन डॉलर 2005 की शेष अवधि के लिए) के साथ यह मान लगभग 1.3 बिलियन डॉलर प्रति प्रमोचन आता है। नीतभार के प्रारंभिक एस्टीमेट का आधार 118 डॉलर प्रति पौंड या 260 डॉलर प्रति कि.ग्रा. 1972 का वर्ष था।

स्पेस शटल कार्यक्रम के अंतर्गत 654 सुविधाएँ आती थीं, जो 12 लाख उपकरण और 5000 लोगों की सेवाएँ लेता था। उपकरणों की कुल कीमत 12 बिलियन डॉलर थी। शटल से संबंधित सुविधाएँ नासा की इनवेंटरी का एक चौथाई हिस्सा थीं। पूरे अमरीका में प्रोग्राम के विभिन्न अवयवों की आपूर्ति के लिए 1200 से भी अधिक सक्रिय सप्लायर थे।

2

स्पेस शटलों एवं उनकी उड़ानों का नामकरण

जब हम स्पेस शटलों के नामकरण की बात करते हैं, तो हमारा मतलब स्पेस शटल के ऑरबिटर से होता है। ऑरबिटर स्पेस शटल कार्यक्रम का कक्षीय अंतरिक्ष यान था। ऑरबिटर एक पुनः प्रयोज्यीय पंखयुक्त 'स्पेस प्लेन' था, जो रॉकेटों, अंतरिक्ष यानों एवं वायुयानों का मिला-जुला संगम था। यह अंतरिक्ष यान अंतरिक्ष यात्रियों, नीतभार इत्यादि को पृथ्वी की निम्न कक्षा में पहुँचाने की क्षमता रखता था तथा इसके साथ-साथ यह 'इन-ऑरबिट' प्रचालन की भी क्षमता रखता था। तत्पश्चात् यह अंतरिक्ष की कक्षा से पृथ्वी के वायुमंडल में प्रवेश करता हुआ ग्लाइडर की भाँति पृथ्वी की सतह पर उतरता था (जब कि अंतरिक्ष में जाते समय यह पृथ्वी से एक रॉकेट की भाँति उड़ता था)। इस संदर्भ में कुल छह ऑरबिटरों का निर्माण किया गया, जिनके नाम थे– अटलांटीस, कोलंबिया, चैलेंज़र, डिस्कवरी, एंड्यौर एवं एंटरप्राइज़। सभी का निर्माण रॉकवेल इंटरनेशनल कंपनी की पिट्सबर्ग, पीए शाखा के द्वारा किया गया।

प्रथम ऑरबिटर एंटरप्राइज़ की प्रथम उड़ान 1977 में संपन्न हुई। इसका निर्माण पूर्णरूपेण पॉवर रहित वायुमंडलीय टैस्ट उड़ानों एवं लैंडिंग के लिए किया गया था। इसका टेक ऑफ एक सवंर्द्धित बोइंग-747 कार्गो वायुयान से कराया जाता था, जिसे 'स्पेस कैरियर' नाम से संबोधित किया जाता था। इसके अलावा बाकी अन्य सभी ऑरबिटरों का निर्माण कक्षीय उड़ानों के लिए किया गया था। जटिल परीक्षणों के बाद शटल एंटरप्राइज़ आंशिक रूप से डीअसेंबल कर दिया गया था। पाँच ऑरबिटरों में अंतरिक्ष में प्रमोचित किया जाने वाला प्रथम ऑरबिटर कोलंबिया था, जिसकी प्रथम उड़ान 12 अप्रैल, 1981 को हुई। स्पेस शटलों– चैलेंज़र, डिस्कवरी, और अटलांटीस की प्रथम उड़ानें क्रमशः 1983, 1984, और 1985 में संपन्न हुई। 1986 में स्पेस शटल चैलेंज़र की दुर्घटना के बाद स्पेस शटल एंड्यौर का निर्माण स्पेस शटल चैलेंज़र के रिप्लेसमेंट के रूप में किया गया तथा इसका प्रथम प्रमोचन 1992 में किया गया। स्पेस शटल कोलंबिया की 2003 में दुर्घटना के बाद केवल चार स्पेस शटले बचे। स्पेस शटल डिस्कवरी की आखिरी उड़ान 9 मार्च, 2001 को पूरी हुई। शटल एंड्यौर की आखिरी उड़ान 1 जून, 2011 को संपन्न हुई। शटल अटलांटीस की आखिरी उड़ान एस.टी.एस.-135 थी, जो 21 जुलाई, 2011 को समाप्त हुई। अंतरिक्ष यात्रियों एवं नीतभार के अलावा शटल ऑरबिटर के साथ स्पेस शटल का द्रव ईंधन रॉकेट नोदक तंत्र भी होता था। नासा ने स्पेस शटलों का

नामकरण विख्यात जलपोतों के नाम के साथ किया। विभिन्न स्पेस शटलों के नामकरण इस प्रकार किए गए–

1. **स्पेस शटल कोलंबिया**–कोलंबिया शटल का नामकरण एक समुद्री युद्धपोत के नाम पर रखा गया था, जिसकी सेवाएँ 1836 से प्रारंभ हुई थीं। यह प्रथम नेवी जलपोत था, जिसने ग्लोब का चक्कर लगाया था। इस नाम का प्रयोग अपोलो-11 के कमांड मॉड्यूल के लिए भी किया गया, जिसके द्वारा 1969 में नील आर्मस्ट्रांग, कॉलिंस, एडविन अल्ड्रिन चंद्र यात्रा पर गए।
2. **स्पेस शटल चैलेंज़र**–इसका यह नाम एक नेवी जलपोत से लिया गया, जिसने 1972 से 1976 के बीच अटलांटिक और प्रशांत महासागरों का दीर्घकालीन अन्वेषण किया था। इस नाम का प्रयोग अपोलो-17 के चंद्र अन्वेषण मॉड्यूल के लिए भी किया गया था।
3. **स्पेस शटल अटलांटीस**–इसका यह नामकरण एक दो मस्तूल के छोटे जहाज़ (टू-मास्टेड केच) से लिया गया है, जिसका प्रचालन उड्स होल ओसैनोग्राफिक इंस्टीट्यूट के लिए 1930 से 1966 के बीच किया गया। इस समुद्री बोट ने समुद्री अनुसंधान के लिए पाँच लाख मील से भी अधिक यात्रा की।
4. **स्पेस शटल डिस्कवरी**–इसका यह नामकरण दो जलपोतों से लिया गया है, जिनमें से एक में हेनरी हुडसन 1610-1611 के दौरान अटलांटिक और प्रशांत महासागर के बीच एक उत्तर-पश्चिम मार्ग की तलाश में निकले थे और इसके बदले उन्होंने हुडसन खाड़ी (बे) की खोज कर डाली। दूसरा जलपोत वह था, जिसके द्वारा कैप्टन कुक ने हवाई उपद्वीप की खोज की और दक्षिण अलास्का तथा पश्चिम कनाडा का पता लगाया।
5. **स्पेस शटल एंड्यौर**–इसका यह नाम 18वीं सदी के ब्रिटिश अन्वेषक जेम्स कुक के द्वारा संचालित जलपोत से लिया गया है। कुक ने दक्षिणी प्रशांत और तैहिती के आस-पास की यात्रा पृथ्वी और सूर्य के बीच शुक्र ग्रह के पैसेज को देखने के लिए की। अपनी यात्रा के अन्य चरण में कुक ने न्यूजीलैंड की खोज की, ऑस्ट्रेलिया का सर्वेक्षण किया और बैरियर रीफ के बीच से गुजरे।

स्पेस शटल के रिटायरमेंट के बाद ऑरबिटर एवं संबद्ध हार्डवेयर का विभिन्न स्थलों पर स्थापन

शटल के रिटायरमेंट के संदर्भ में नासा ने इस चीज़ की घोषणा की थी कि वह शटल के ऑरबिटरों को शटल कार्यक्रम समाप्ति पर शैक्षणिक संस्थानों या म्यूज़ियमों में स्थापित करवा देगा। इसके लिए प्रत्येक म्यूज़ियम एवं संस्था को निर्देश दिया गया कि ऑरबिटरों एवं शटल के अन्य हार्डवेयर को निर्दिष्ट स्थलों पर स्थानांतरित करने एवं डिस्प्ले का खर्च (जिसमें स्थल का तैयार किया जाना, समुचित डिस्प्ले तैयार करना तथा स्थापित करने का खर्च शामिल है) संबद्ध संस्था/म्यूज़ियम उठाएगा तथा यह खर्च 28.8 मिलियन डॉलर तक का हो सकता है। इसके लिए अमरीका के अंदर 20 म्यूज़ियमों ने यह प्रस्ताव भेजा कि वे रिटायर्ड ऑरबिटरों को अपने संस्थान में स्थापित करने के इच्छुक हैं। नासा ने स्पेस शटल की तापीय सुरक्षा तंत्र की

टाइलों को स्कूलों एवं विश्वविद्‍यालयों को उपलब्ध कराने की घोषणा की तथा यह भी घोषित किया कि इन सभी टाइलों की कीमत इन संस्थानों के लिए 25 डॉलर प्रति टाइल से भी कम होगी। इसके लिए 7,000 टाइलें 'पहले आओ, पहले पाओ' (फर्स्ट कम, फर्स्ट सर्व) आधार पर उपलब्ध कराई गई जिसमें यह भी शर्त लगाई गई कि कम-से-कम एक टाइल प्रत्येक संस्थान को अवश्य उपलब्ध हो।

12 अप्रैल, 2011 को नासा ने आखिर में बचे हुए स्पेस शटल ऑरबिटरों के स्थापन स्थलों की घोषणा कर दी। यह घोषणा इस प्रकार थी–

(क) अटलांटीस स्पेस शटल का डिस्प्ले फ्लोरिडा के केप कैनेवेरल स्थल पर स्थित कैनेडी अंतरिक्ष केंद्र के विज़िटर कॉम्प्लेक्स में किया जाएगा।

(ख) स्पेस शटल 'डिस्कवरी' वाशिंग्टन (डी.सी.) के पास चैन्टिनी वर्जीनिया स्थित स्मिथसोनियन इंस्टीटयूशन के राष्ट्रीय वायु एवं अंतरिक्ष म्यूज़ियम के उडवर-हैज़ी केंद्र को प्रदान की जाएगी।

(ग) स्पेस शटल एंड्यौर कैलीफोर्निया के लॉस एंजीलीस शहर में स्थित कैलीफोर्निया केंद्र को प्रदान की जाएगी।

(घ) स्पेस शटल 'एंटरप्राइज़ (वायुमंडलीय परीक्षण ऑरबिटर), जो उस समय राष्ट्रीय वायु एवं अंतरिक्ष म्यूज़ियम के उडवर-हैजी केंद्र में डिस्प्ले के रूप में लगा हुआ था, को मूव करके न्यूयॉर्क शटर के इंट्रेपिड सी-एयर स्पेस म्यूज़ियम में डिस्प्ले किया जाएगा।

फ्लाईट एवं मिड डैक प्रशिक्षण हार्डवेयर, जो उस समय जॉन्सन अंतरिक्ष केंद्र में था, वह राष्ट्रीय वायु एवं अंतरिक्ष म्यूज़ियम तथा अमरीका वायुसेना के राष्ट्रीय म्यूज़ियम में भेज दिया जाएगा। संपूर्ण आकार का फ्यूज़लेज मॉक अप (जिसमें नीतभार बे एवं बिना विंगो के ऐफ्ट सैक्शन शामिल है) सीटल में स्थित म्यूज़ियम ऑफ फ्लाइट में भेजा जाएगा। अन्य उपकरणों में मिशन सिमुलेशन एवं प्रशिक्षण सुविधा का स्थिर सिमुलेटर शिकागो स्थित ऐडलर प्लैनीटोरियम भेजा जाएगा। 'मोशन सिमुलेटर' उपकरण टैक्सास स्थित टैक्सास ए एंड एम एयरोस्पेस इंजीनियरिंग विभाग (कॉलेज स्टेशन के) को प्रदान किया जाएगा। स्पेस शटल के अंतरिक्ष यात्रियों के प्रशिक्षण में प्रयुक्त अन्य सिमुलेटर फ्लोरिडा के स्टार्क स्थान पर स्थित 'विंग्स ऑफ ड्रीम्स एवियेशन म्यूज़ियम' और वर्जीनिया के हैंप्टन स्थित वर्जीनिया एयर एंड स्पेस सेंटर भेजे जाएँगे।

स्पेस शटल की उड़ानों की नंबरिंग

अमरीकी स्पेस शटल कार्यक्रम को सरकारी तौर पर स्पेस ट्रांसपोर्टेशन सिस्टम (प्रीफिक्स 'एसटीएस' के साथ) कहते हैं। प्रारंभ में प्रमोचनों के इस प्रकार के शृंखला (सीक्वेंस) नंबर दिए जाते थे कि वे प्रमोचन के ऑर्डर दर्शाते थे, जैसे–एसटीएस-9। यह योजना 25 प्रमोचनों एवं आठ निरस्त्र किए जा चुके मिशनों तक (शटल मिशन एसटीएस-33 तक) चालू रही। अपोलो-13 के मिशैप के बाद (नासा के प्रशासक जेम्स एम बेग के 13 की संख्या के प्रति भय के कारण) तथा भावी स्पेस शटल उड़ान एसटीएस-13 को इस प्रकार का संबोधन न

देने की इच्छा के कारण (जिसका प्रारंभ 1984 से हुआ) फिर से प्रत्येक मिशन उड़ान के साथ एक कोड लगाने की शुरुआत की गई जैसे–एसटीएस-41बी। इस नंबरिंग में प्रथम संख्या फैडरल फिस्कल वर्ष के ऑफ सेट (कार्यक्रम में) को दर्शाता था। इसलिए 41-बी की शेड्यूलिंग फाइनैंशियल वर्ष 1984 के लिए की गई (जिसके मुताबिक 51-एल उड़ान पहले 1985 वर्ष के लिए निर्धारित की गई थी तथा फाइनैंशियल वर्ष 1995 की तीसरी उड़ान का नाम इस तरह 151-सी होता)। इस निर्धारण में दूसरी संख्या प्रमोचन स्थल को दर्शाती थी (संख्या एक कैनेडी अंतरिक्ष केंद्र तथा संख्या दो शटल प्रमोचन कॉम्प्लेक्स (एसएलसी) छह को दर्शाती थी, जो वैंडेनबर्ग वायुसेना बेस था। यह दूसरी बात है वैन्डेनबर्ग का प्रयोग कभी नहीं किया गया। निर्धारण में आगे प्रयुक्त अक्षर शेड्यूलिंग शृंखला को दर्शाता था। शेड्यूलिंग संख्याओं के साथ इन कोडों का निर्धारण उस समय किया गया, जब प्रमोचनों की प्रारंभ में ही शेड्यूलिंग की जाती थी तथा मिशन के विलंबन अथवा पुनः शेड्यूलिंग के साथ इनको बदला नहीं जाता था। यद्यपि इन कोडों का प्रयोग एसटीएस-41 बी से एसटीएस-51 एल उड़ानों के लिए प्रयोग किया गया था, लेकिन शृंखला (सीक्वेंशियल) संख्याएँ नासा के अंदर सभी कागजी कार्रवाइयों में प्रयुक्त होती रहीं। शृंखला नंबरों के साथ उड़ानों की संख्या निर्धारण एसटीएस-9 से एसटीएस-33 तक चला। 1988 से शटल उड़ानों के पुनः प्रचालन के साथ नासा ने नंबरिंग के लिए एक नए सफिक्स का प्रयोग प्रारंभ किया। चैलेंज़र की दुर्घटना के बाद केवल शृंखला नंबरिंग तंत्र का ही प्रयोग प्रारंभ किया गया।

3

स्पेस शटल के रोमांचक तथ्य एवं विस्मयकारी सांख्यिकीय आँकड़े

स्पेस शटल पृथ्वी ग्रह में निर्मित एक अत्यंत विलक्षण मशीन है तथा इसके कुछ तथ्य इतने रोमांचक हैं कि इन्हें सुनकर आप दाँतों तले उँगली दबा लेगें। इस प्रकार के कुछ तथ्य निम्न हैं–

1. स्पेस शटल के तीन प्रमुख इंजनों में पृथ्वी में उपलब्ध दूसरे नंबर का सबसे ठंडा ईंधन द्रव हाइड्रोजन (जिसका तापक्रम-423 डिग्री फारेनहाइट होता है) प्रयुक्त होता है। लेकिन जब यह द्रव ईंधन, द्रव ऑक्सीजन के साथ दहन कक्ष (कंबश्चन चैंबर) में प्रज्वलित किया जाता है, तो दहन कक्ष का तापमान 6000 डिग्री फारेनहाइट पहुँच जाता है जो लोहे के क्वथनांक (ब्वायलिंग प्वाइंट) से भी ज़्यादा होता है।

2. एक सौ उन्नचास फुट, 1.6 इंच लंबे प्रत्येक ठोस रॉकेट बूस्टर की लंबाई विख्यात स्टैचू ऑफ लिबर्टी से मात्र दो फुट ही कम है, लेकिन प्रत्येक 700 टन लोडेड बूस्टर का भार स्टैचू ऑफ लिबर्टी के भार का तीन गुना होता है। दोनों ठोस रॉकेट बूस्टर मिलकर स्पेस शटल के प्रणोद का 83 प्रतिशत से अधिक प्रणोद पैदा करते हैं, जिसका उपयोग स्पेस शटल की दो मिनट की यात्रा के लिए होता है। दोनों ठोस रॉकेट बूस्टर मिलकर 53 लाख पौंड प्रणोद पैदा करते हैं, जो 440 लाख हॉर्स पॉवर के बराबर होता है।

3. भूरे रंग के बाह्य टैंक की ऊँचाई 15 स्टोरी बिल्डिंग के बराबर होती है तथा शटल का केवल यही अवयव ऐसा है जो कि रीयूज़ेबल नहीं है। एल्युमीनियम से बने इस टैंक की स्किन की मोटाई 0.125 इंच होती है तथा इसमें शटल के तीन प्रमुख इंजनों के लिए 500,000 गैलन से भी अधिक ईंधन (द्रव ऑक्सीजन द्रव हाइड्रोजन) भरा होता है। तीनों इंजनों के लिए यह 1,000 गैलन प्रति सैकंड की दर से ईंधन भेजता है।

4. स्पेस शटल में 2,500,000 से भी अधिक अवयवों का उपयोग किया गया है, जिसमें शामिल हैं–170 मील लंबे तार की वायरिंग; 1,060 प्लंबिंग वाल्व एवं कनैक्शन; 1,440 सरकिट ब्रेकर तथा 24,000 से भी अधिक इन्सूलेटिंग टाइलें। ये टाइलें मुख्यतया शुद्ध बालू सिलिकेट फाइबर (जिसमें सिरैमिक बाइंडर मिला होता है) से बनाई जाती हैं। हल्की होने के साथ ये ताप को बहुत शीघ्रता से डिसीपेट कर देती हैं।

5. यद्यपि प्रमोचन के समय शटल का कुल भार 4,500,000 पौंड से भी अधिक होता है, लेकिन पृथ्वी की कक्षा तक पहुँचने में नौ मिनट से भी कम समय में इसकी गति शून्य से 17,500 मील प्रति घंटे (बंदूक की गोली की गति का नौ गुना) पहुँच जाती है तथा इतने समय के अंदर 3,500,000 पौंड से भी अधिक ईंधन (प्रोपैलेंट) का इस्तेमाल हो चुका होता है।

6. शटल के प्रत्येक ठोस रॉकेट बूस्टर की ईंधन की खपत पाँच टन प्रति सेकन्ड होती है।

7. शटल के तीन प्रमुख इंजनों को क्रायोजेनिक ईंधन की आपूर्ति करने वाले टर्बो पंप का डिस्चार्ज दाब इतना अधिक होता है कि यह हवा में 36 मील लंबा द्रव हाइड्रोजन कॉलम फेंक सकता है।

8. यद्यपि शटल के प्रत्येक प्रमुख इंजन का भार ट्रेन के इंजन के भार का $^{1}/_{7}$वाँ हिस्सा होता है, लेकिन यह (प्रत्येक) अकेला ही 39 ट्रेन इंजनों के द्वारा जनित हॉर्स पॉवर पैदा करता है।

9. यदि शटल के टर्बो पंप से ईंधन की बजाय पानी पंप किया जाय तो यह औसत फैमिली साइज स्विमिंग पूल को 25 से. में खाली कर सकता है।

10. स्पेस शटल का डिज़ाइन इस तरह किया गया है कि अंतरिक्ष में यह 250 डिग्री फारेनहाइट से उच्चतम 3000 डिग्री फारेनहाइट का तापमान (शटल की वह परिस्थिति जब यह वापसी में पृथ्वी के वायुमंडल में प्रवेश करती है) झल सकता है।

11. ऑरबिटर को स्पेस शटल तंत्र का हृदय एवं मस्तिष्क कहा जाता है। इसका आकार बोइंग 737 के आकार का होता है। इसकी कार्गो बे की परिमाप 60 फुट लम्बी तथा 15 फुट व्यास की होती है, जिसमें 65000 पौंड तक का कार्गो भेजा जा सकता है।

12. अमरीकी राष्ट्रपति बिल क्लिंटन ने विश्व के सबसे वयोवृद्ध अंतरिक्ष यात्री (जो अंतरिक्ष की कक्षा में जाने वाले प्रथम अमरीकी भी थे तथा पाँच बार ओहियो से अमरीकी सीनेट के सीनेटर भी रह चुके हैं) जॉन ग्लेन (जो अंतरिक्ष में दूसरी बार 77.3 वर्ष की उम्र में स्पेस शटल के द्वारा अंतरिक्ष में गए थे) की अंतरिक्ष से वापसी के दृश्य को वाच किया तथा इस प्रकार स्पेस शटल के प्रमोचन का अवलोकन करने वाले वे प्रथम अमरीकी राष्ट्रपति थे।

13. स्पेस शटल डिस्कवरी शाही परिवार के किसी सदस्य सउदी अरेबिया के राजा इब्न सौद के नाती सुल्तान बिन सलमान बिन अब्दुल अज़ीज़ अल-सौद को अंतरिक्ष में ले जाने वाला प्रथम स्पेस शटल था।

14. 1999 में मिशन विशेषज्ञ डैनिकयल टी बैरी अपने साथ शटल यात्रा में एक कंप्यूटर गेम 'स्टार क्रैफ्ट' ले गए। उस गेम की सीडी (जिसने पृथ्वी की 153 परिक्रमाएँ की थी तथा 35 लाख नॉटिकल मील की अंतरिक्ष यात्रा भी की थी) अब ब्लिज़ार्ड्स होम में रखी हुई है।

15. स्पेस शटल के द्वारा पहली बार किसी उपग्रह को रिकवर किया गया जो मोटर की खराबी के कारण अपनी निर्धारित कक्षा से भटक गया था। 1984 में स्पेस शटल डिस्कवरी ने सफलतापूर्वक 'पलापा बी-2' उपग्रह एवं 'वेस्टार-6' उपग्रह को अपनी रोबोटिक भुजा से पकड़ा जो ठीक से काम नहीं कर रहे थे।

16. स्पेस शटल के बाह्य टैंक (एक्सटर्नल टैंक) को 1995 में रिपेयर करने की आवश्यकता पड़ी थी, क्योंकि कठफोड़वा (उड पेकर) चिड़ियों ने इसके बाह्य फोम में अपनी चोंचों से 200 छेद करके बाह्य टैंक को क्षतिग्रस्त कर दिया था। बाह्य टैंक के ऊपर इन्सूलेशन फोम इसकी सुरक्षा के लिए लगाया जाता है। इन पक्षियों ने प्रमोचन पैड पर अपनी शरणस्थली के रूप में बड़ा घोंसला भी बना दिया था, जिसे हटाया गया।

17. चूँकि स्पेस शटल के प्रमुख इंजनों में ईंधन के रूप में द्रव ऑक्सीजन और द्रव हाइड्रोजन का प्रयोग होता है इसलिए अधिकांशतः जनित निर्गम (एक्जॉस्ट) जलवाष्प होता है।

स्पेस शटल के कुछ रोचक सांख्यिकीय आँकड़े

ये आँकड़े निम्न प्रकार है –

(क) स्पेस शटल के वे मिशन जिनमें ऑपरेशन अवधि बढ़ाई गई

शटल के मिशनों की अंतरिक्ष में प्रचालन अवधियों को बढ़ाने का सिलसिला 1992 से प्रारंभ हुआ, जब स्पेस शटल ऑरबिटर कोलंबिया में विस्तृत अवधि ऑरबिटर (ईडीओ) हार्डवेयर लगाया गया। यह हार्डवेयर बाद में एंड्यौर स्पेस शटल में लगाया गया। सामान्य शटल मिशन अवधि लगभग 10 दिन की होती है, लेकिन 'ईडीओ' के लगने से यह 13 दिन की हो गई तथा बाद में यह 16 दिन तक भी पहुँच गई। विस्तृत अवधि वाले 14 मिशन थे। इनमें सबसे लंबे मिशन और सबसे छोटे मिशन निम्न थे –

(i) एसटीएस-80 (कोलंबिया शटल), दिसंबर 7, 1996, मिशन अवधि 17 दिन 15 घं. 53 मि. 18 से. (सबसे लंबा)।

(ii) एसटीएस-50 कोलंबिया, जून 25-जुलाई 9, 1992, मिशन अवधि 13 दिन, 19 घं., 30 मि., 4 सै. (सबसे छोटा)।

(ख) स्पेस शटल के वे मिशन जो छोटे किए गए

स्पेस शटल के कई मिशनों को प्रमोचन के बाद कुछ तकनीकी कारणों से छोटा किया गया था। इस प्रकार के मिशनों की संख्या पाँच है। शटल मिशन एसटीएस-2 एक ईंधन सेल के फेल हो जाने के बाद इस मिशन की अवधि तीन दिन कम कर दी गई थी। मिशन के एक नीतभार में कुछ समस्या आ जाने के कारण एसटीएस-51 आई शटल मिशन की अवधि एक दिन कम कर दी गई थी। लैंडिंग साइड में मौसम की खराबी के कारण एसटीएस-35 मिशन की अवधि भी एक दिन कम कर दी गई थी। एसटीएस-44 मिशन प्रारंभ में 10 दिन के लिए निर्धारित किया गया था, लेकिन अंतरिक्ष कक्षा में तीन इनर्शियल मापन इकाइयों के असफल हो जाने के कारण मिशन को छोटा कर दिया गया था। 16 दिवसीय एसटीएस-83 मिशन दो नंबर के ईंधन सेल की खराबी के कारण छोटा कर दिया गया था।

(ग) स्पेस शटल के द्वारा संपन्न अमरीकी/रूसी संयुक्त मिशन

अंतर्राष्ट्रीय अंतरिक्ष स्टेशन के अंतरिक्ष निर्माण से संबंधित समुचित अनुभव प्राप्त करने के लिए नासा और रूसी अंतरिक्ष संस्था ने संयुक्त स्पेस शटल से उड़ानें भरी तथा स्पेस शटल नौ बार रूसी अंतरिक्ष स्टेशन मीर से अंतरिक्ष में जुड़ा। संयुक्त शटल मिशन का सिलसिला 3 फरवरी, 1994 से प्रारंभ हुआ, जब रूस के प्रथम कॉस्मोनट सरगेई क्रिकालेव अमरीकी स्पेस शटल के द्वारा अंतरिक्ष में गए। दूसरी उड़ान एसटीएस-63 थी, जब रूसी कॉस्मोनट व्लैडिमिर टिटोव इसके द्वारा अंतरिक्ष में गए और रूसी अंतरिक्ष स्टेशन मीर के समीप से गुजरे। 27 जून, 1995 को नासा/रूसी तीसरी संयुक्त उड़ान हुई, जब इसके द्वारा दो रूसी कॉस्मोनट सोलोव्यो और बुडारिन मीर अंतरिक्ष स्टेशन पहुँचे तथा मीर अंतरिक्ष स्टेशन से दो कॉस्मोनट डेझुरोव एवं स्ट्राकालोव मीर अंतरिक्ष स्टेशन से शटल में आ गए तथा इसके द्वारा पृथ्वी पर वापस आये। 12 नवंबर, 1995 को स्पेस शटल तीसरी बार रूसी अंतरिक्ष स्टेशन मीर के समीप से गुजरा तथा इससे दूसरी बार जुड़ा (डाकिंग)।

22 मार्च, 1996 को शटल चौथी बार मीर अंतरिक्ष स्टेशन के समीप से गुज़रा तथा तीसरी बार मीर स्टेशन से जुड़ा (डाकिंग)। अमरीकी महिला अंतरिक्ष यात्री डॉ. शैनन ल्यूसिड मीर स्टेशन पहुँची तथा इस प्रकार रूसी अंतरिक्ष स्टेशन मीर में जाने वाली वे प्रथम अमरीकी अंतरिक्ष यात्री (प्रथम अमरीकी महिला अंतरिक्ष यात्री भी) बनीं। 16 दिसंबर, 1996 को शटल चौथी बार मीर अंतरिक्ष स्टेशन से जुड़ा तथा दसवें अमरीकी अंतरिक्ष यात्री जॉन ब्लाहा मीर अंतरिक्ष स्टेशन पहुँचे। डॉ. ल्युसिड ने उस तिथि तक अतंरिक्ष में 188 दिन गुजारे जो किसी अमरीकी का अंतरिक्ष की कक्षा में एक समय का सबसे लंबा प्रवास था।

12 जनवरी, 1997 को शटल पाँचवीं बार रूसी अंतरिक्ष स्टेशन मीर से जुड़ा तथा अमरीकी अंतरिक्ष यात्री ज़ेरी लिनेंज़र मीर स्टेशन पहुँचे। जॉन ब्लाहा पृथ्वी पर वापस आ गए। 15 मई, 1997 को शटल की मीर से छठी जुड़न क्रिया (डाकिंग) संपन्न हुई तथा अमरीकी अंतरिक्ष यात्री जॉन फोले मीर स्टेशन पहुँचे। लिनेंज़र पृथ्वी पर वापस आ गए। 22 जनवरी, 1998 का स्पेस शटल आठवीं बार रूसी स्टेशन मीर से जुड़ा तथा अमरीकी अंतरिक्ष यात्री एंड्र्यू थॉमस मीर स्टेशन पहुँचे।

(घ) शटल का रात्रि प्रमोचन

स्पेस शटल के द्वारा रात में कुल 34 प्रमोचन किए गए।

(ङ) लैंडिंग स्थल

स्पेस शटल ने 52 बार कैनेडी अंतरिक्ष केंद्र में तथा 36 बार एयरफोर्स बेस (कैलीफोर्निया) में लैंड किया।

(च) डाइवर्टेड लैंडिंग

डाइवर्टेड लैंडिंग का अर्थ है कि शटल का निर्धारित लैंडिंग स्थल कुछ और था तथा इसने तकनीकी कारणों से कहीं अन्य स्थल पर लैंड किया। इस प्रकार की डाइवर्टेड लैंडिंगें 26 बार हुई।

स्पेस शटल के 10 प्रेरणादायक और यादगार मिशन

इस तरह के 10 यादगार क्षण निम्न हैं –

1. प्रथम शटल मिशन–एसटीएस-1 (अप्रैल 12-14, 1981)

प्रथम मानवयुक्त अंतरिक्ष उड़ान (यूरी गागरिन की अंतरिक्ष उड़ान) की 20वीं वर्षगाँठ के दिन स्पेस शटल की प्रथम उड़ान संपन्न हुई। विख्यात अंतरिक्ष यात्री जॉन यंग इसके कमांडर तथा बॉब क्रिपन इसके पायलट थे। यंग और क्रिपन ने शटल के अनेक तंत्रों की जाँच की। इसमें शटल कोलंबिया का प्रयोग किया गया जिसने पृथ्वी की 36 परिक्रमाएँ कीं।

2. अंतरिक्ष में प्रथम अध्यापक–एसटीएस-118 (अगस्त 8-12, 2007)

अंतरिक्ष में एक अध्यापक भेजने के प्रथम प्रयास के 20 वर्ष बाद अध्यापक के रूप में बारबारा मार्गन अंतरिक्ष में गई तथा क्रिस्टा मैकाफी का सपना साकार हुआ। 28 जनवरी 1986 को अंतरिक्ष में प्रथम अध्यापक के रूप में क्रिस्टा मैकाफी को भेजा गया, लेकिन स्पेस शटल चैलेंज़र (उड़ान एसटीएस-51 एल) की दुर्घटना में मैकाफी के साथ सभी अंतरिक्ष यात्री मृत्यु को प्राप्त हुए।

3. अंतरिक्ष में जाने वाली प्रथम अमरीकी महिला सैली राइड–एसटीएस-7 (जून 18-24, 1983)

इस मिशन के द्वारा सैली राइड प्रथम महिला के रूप में अंतरिक्ष में गई। यह स्पेस शटल का प्रथम पाँच सदस्यीय मिशन था।

4. प्रथम शटल-मीर डाकिंग (जुड़न प्रक्रिया)–एसटीएस-71 (जून 27–जुलाई 7, 1995)

अंतर्राष्ट्रीय अंतरिक्ष स्टेशन के अंतरिक्ष में स्थापन के लिए समुचित अनुभव पाने के उद्देश्य से स्पेस शटल रूसी अंतरिक्ष स्टेशन मीर से नौ बार अंतरिक्ष में जुड़ा। प्रथम क्रिया 1995 में संपन्न हुई।

5. अंतरिक्ष में प्रथम अफ्रीकी-अमरीकी–एसटीएस-8 (अगस्त 30–सितंबर 5, 1983)

स्पेस शटल चैलेंज़र के द्वारा अंतरिक्ष में जाने वाले प्रथम अफ्रीकी-अमरीकी व्यक्ति गुइन ब्लूफोर्ड थे।

6. अंतरिक्ष में सबसे वयोवृद्ध अंतरिक्ष यात्री–एसटीएस-95 (अक्तूबर 29–नवंबर 7, 1998)

शटल उड़ान एसटीएस-95 के द्वारा 78 वर्ष की उम्र में अंतरिक्ष में जाने वाले जॉन ग्लेन विश्व के सबसे अधिक उम्र के अंतरिक्ष यात्री बने।

7. हब्बल अंतरिक्ष दूरबीन की उड़ान–एसटीएस-31 (अप्रैल 24-29, 1990)

एसटीएस-31 शटल उड़ान के द्वारा विश्वविख्यात हब्बल अंतरिक्ष दूरबीन का प्रमोचन तथा बाद में स्पेस शटल की अन्य उड़ानों के द्वारा चार बार अंतरिक्ष में इसका रिपेयर किया गया।

8. स्पेस शटल की प्रथम महिला कमांडर (स्पेस शटल के रिटर्न-टु-स्पेस मिशन में)–एसटीएस-114 (जुलाई 25-अगस्त 9, 2005)

एलीन कॉलिंस स्पेस शटल की प्रथम महिला कमांडर पहले ही बन चुकी थीं, लेकिन उनके साहस का सबसे बड़ा परिचय यह था कि स्पेस शटल कोलंबिया की दुर्घटना के बाद शटल की प्रथम उड़ान एसटीएस-114 (जिसे रिटर्न-टु-स्पेस मिशन कहा जाता है) की भी वे कमांडर बनीं।

9. स्पेस शटल डिस्कवरी की आखिरी उड़ान–एसटीएस-133

स्पेस शटल डिस्कवरी की आखिरी उड़ान 24 फरवरी, 2011 को संपन्न हुई जो अंतर्राष्ट्रीय अंतरिक्ष स्टेशन के लिए 35वाँ स्पेस शटल मिशन था।

10. स्पेस शटल की आखिरी काउंटडाउन उड़ान–एसटीएस-135

यह स्पेस शटल कार्यक्रम का आखिरी प्रमोचन तथा स्पेस शटल अटलांटीस की आखिरी उड़ान थी। इसके अंतरिक्ष यात्री दल में कुल चार लोग थे तथा इसमें रेस्क्यू मिशन की आवश्यकता पड़ने पर सोयुज अंतरिक्ष यान का प्रावधान रखा गया था।

स्पेस शटल के संख्यानुसार आँकड़े

संख्या के अनुसार ये आँकड़े निम्न हैं –

1. 35,13,638 – पौंड की इकाई में यह कार्गो का भार है, जिसे नासा के स्पेस शटलों ने अंतरिक्ष की कक्षा में पहुँचाया था। यह भार 1957 से अब तक हुए सभी अंतरिक्ष प्रमोचनों के कुल भार के आधे से भी अधिक है।

2. 2,29,132 – कार्गो का कुल भार (पौंड में) जिसे नासा के सभी स्पेस शटलों ने वर्ष 2010 तक अंतरिक्ष से पृथ्वी पर वापस लाने का कार्य किया है।

3. 1,98,728.5 – यह संख्या मैन ऑवर्स को दर्शाती है, जिसे नासा के सभी स्पेस शटलों ने अपने 30 वर्ष के लंबे कैरियर में अंतरिक्ष में गुजारा। कुल मिलाकर यह 8280 दिवस की मानवयुक्त उड़ान बनती है।

4. 20,830 – यह संख्या सभी स्पेस शटलों (आखिरी उड़ान एसटीएस-135 को छोड़कर) के द्वारा की गई पृथ्वी की परिक्रमाओं को दर्शाती है।

5. 3,000 – यह संख्या उस भीषण तापमान (फारेनहाइट इकाई में) को दर्शाती है, जो स्पेस शटलों ने पृथ्वी के वायुमंडल में प्रवेश करते समय (री एंट्री) झेला।

6. 1,323 – यह वह संख्या है, जो यह बताती है कि 12 अप्रैल, 1981 से जुलाई 2011 के बीच सभी स्पेस शटल कितने दिन अंतरिक्ष में रहे। इसमें आखिरी शटल मिशन एसटीएस-135 के 13 दिन तथा बाकी 134 शटल मिशनों के 31,440 घं. 59 मि. 33 सै. शामिल हैं।

7. 833 – यह संख्या यह दर्शाती है कि स्पेस शटलों के 135 मिशनों के द्वारा अंतरिक्ष में कुल कितने लोग गए जिनमें कि कुछ लोग कई बार अंतरिक्ष में गए। इसमें दो शटल दुर्घटनाओं में मृत 14 अंतरिक्ष यात्री भी शामिल हैं।

8. 789 – यह अंतरिक्ष यात्रियों ऑस्ट्रोनट और कॉस्मोनट की संख्या को दर्शाता है, जो स्पेस शटलों की उड़ानों के द्वारा अंतरिक्ष से पृथ्वी पर वापस आए। कुछ व्यक्ति रूसी सोयुज अंतरिक्ष यानों के द्वारा अंतरिक्ष में गए तथा स्पेस शटलों के द्वारा वहाँ से वापस पृथ्वी पर आए।

9. 355 – यह संख्या अंतरिक्ष यात्रियों की वास्तविक संख्या को दर्शाता है, जो स्पेस शटलों के द्वारा अंतरिक्ष में गए। इनमें 305 पुरुष तथा 49 महिलाएँ हैं। यहाँ पर महिला का नाम शामिल नहीं हैं। अंतरिक्ष यात्री क्रिस्टा मैकाफी (दुर्घटनाग्रस्त उड़ान एसटीएस-51 एल की महिला अंतरिक्ष यात्री) का नाम शामिल नहीं है। ये अंतरिक्ष यात्री 16 देशों के थे।

10. 234 – यह संख्या यह दर्शाती है कि स्पेस शटल के अंतरिक्ष यात्रियों ने अंतर्राष्ट्रीय अंतरिक्ष स्टेशन में 1998 से 2011 के बीच कितने दिन गुजारे जो कि अंतर्राष्ट्रीय अंतरिक्ष स्टेशन का असेंबली चरण था।

11. 180 – यह संख्या उपग्रहों एवं नीतभारों की कुल संख्या को दर्शाती है (जिसमें अंतर्राष्ट्रीय अंतरिक्ष स्टेशन के अवयव भी शामिल हैं) जो नासा के स्पेस शटलों के द्वारा अंतरिक्ष में प्रस्तरित किए गए।

12. 135 – यह संख्या 1981 से 2011 वर्षों के बीच संपन्न स्पेस शटलों की उड़ान की संख्या दर्शाती है। नासा ने प्रत्येक शटल मिशन के पहले प्रीफिक्स 'एसटीएस' (स्पेस ट्रांसपोर्टेशन सिस्टम) जोड़ रखा था। 135 उड़ानें योजनाबद्ध तरीके से संपन्न हुईं जिनमें से दो दुर्घटनाग्रस्त हो गईं।

13. 52 – यह संख्या उपग्रहों, अंतरिक्ष स्टेशनों के कुल अवयवों को दर्शाती है जो स्पेस शटल मिशनों के द्वारा अंतरिक्ष की कक्षा से लाए गए।

14. 37 – यह संख्या यह दर्शाती है कि अंतर्राष्ट्रीय अंतरिक्ष स्टेशन 'अल्फा' के जीवनकाल में स्पेश शटल कितनी बार अल्फा स्टेशन से अंतरिक्ष में जाकर जुड़ा (अर्थात् डाकिंग)।

15. 14 – यह संख्या शटल की दो दुर्घटनाओं में मृत अंतरिक्ष यात्रियों की संख्या को दर्शाती है। ये अंतरिक्ष यात्री हैं–चैलेंज़र एसटीएस-51 एल मिशन के कमांडर फ्रैंकिस स्कोबी, पायलट माइक स्मिथ, मिशन विशेषज्ञ जूडिथ रेसनिक, एलिसन ओनीज़ूका एवं रॉन मैक्नेयर और नीतभार विशेषज्ञ ग्रेग जार्विस तथा किस्टा मैकाफी।

कोलंबिया शटल एसटीएस-107 के मृत अंतरिक्ष यात्री थे–कमांडर रिक हसबैंड, पायलट विलियम मैकूल, मिशन विशेषज्ञ माइकल एंडर्सन, डेविड ब्राडन, कल्पना चावला और लॉरेल क्लार्क एवं नीतभार विशेषज्ञ इयान रेमन (जो इज़राइल के प्रथम अंतरिक्ष यात्री थे)।

16. 9 – यह संख्या यह दर्शाती है कि 1994 से 1998 के बीच अमरीकी स्पेस शटल कितनी बार रूसी अंतरिक्ष स्टेशन मीर से अंतरिक्ष में जुड़ी (डाकिंग)।

17. 8 – यह संख्या यह दर्शाती है कि एक समय में किसी शटल मिशन के अंतरिक्ष यात्रियों की इष्टतम संख्या क्या थी। यह चीज़ कम-से-कम दो बार हुई 1985 में शटल मिशन एसटीएस-61 ए तथा 1995 में शटल मिशन एसटीएस-71 (वापसी में मीर अंतरिक्ष स्टेशन से) के दौरान।

18. 7 – यह संख्या स्पेस शटलों के दूवारा उपग्रहों को उनकी अंतरिक्ष कक्षा से निकालने (रिट्रीव), प्रस्तरित (डिप्लॉय) और रिपेयर करने की घटनाओं को दर्शाती है।

19. 5 – यह संख्या स्पेस शटल के फ्लीट की व्हीकल्स (जो स्पेस क्वालीफाइड थीं) को दर्शाती है। स्पेस शटल जो अंतरिक्ष की कक्षा में प्रमोचित किए गए थे, वे थे–कोलंबिया, चैलेंज़र डिस्कवरी, अटलांटीस और एंड्यौर। एक अन्य शटल एंटरप्राइज़ केवल पृथ्वी के वायुमंडल में उड़ा तथा अंतरिक्ष की कक्षा में कभी नहीं गया।

20. 3 – यह संख्या नासा के शटलों के मिशन समाप्ति के उपरांत लैंडिंग साइटों को दर्शाती है। ये हैं– केप केनेवेरल का कैनेडी अंतरिक्ष केंद्र (प्राइम लैंडिंग साइट), एडवार्ड्स वायुसेना बेस, जो कैलीफोर्निया में है (बैक अप लैंडिंग साइट) एवं ह्वाइट सैंड्स स्पेस हार्बर जो न्यू मैक्सिको के ह्वाइट सैंड्स स्थल पर है (बैंक अप लैंडिंग साइट)।

21. 2 – यह स्पेस शटल के महिला कमांडरों की संख्या दर्शाती है तथा ये हैं अमरीकी वायुसेना की कर्नल (सेवा निवृत्त) एलीन कॉलिंस और अमरीकी वायुसेना की अन्य कर्नल (सेवा निवृत्त) पामेला मेलर्वाय।

22. 1 – यह संख्या नासा के मूल सात मर्करी अंतरिक्ष यात्रियों में केवल उस एक अंतरिक्ष यात्री को दर्शाती है, जो स्पेस शटल से यात्रा करने वाला उस मर्करी ग्रुप का अकेला अंतरिक्ष यात्री था तथा ये अंतरिक्ष यात्री थे–जॉन ग्लेन और उनकी यह उड़ान संख्या थी एसटीएस-95।

4

स्पेस शटल के ठोस रॉकेट बूस्टर

स्पेस शटल के ठोस रॉकेट बूस्टर विशालकाय ठोस ईंधन युक्त रॉकेटों का जोड़ा होता है, जो स्पेस शटल की दो मिनट की प्रारंभिक उड़ान में पॉवर प्रदान करते थे। दोनों ठोस रॉकेट बूस्टर एक साथ मिलकर स्पेस शटल को 83 प्रतिशत लिफ्ट ऑफ प्रणोद (थ्रस्ट) प्रदान करते थे। उन्हें भूरे/नारंगी रंग वाले बाह्य टैंक के इर्द-गिर्द लगाया जाता था। ये ठोस रॉकेट बूस्टर (एस.आर.बी.) अब तक के सबसे बड़े ठोस ईंधन रॉकेट मोटर थे, जिन्हें अंतरिक्ष में प्रमोचित किया गया तथा ये प्रथम राकेट मोटर भी थे जिन्हें प्रायमरी प्रापल्सन

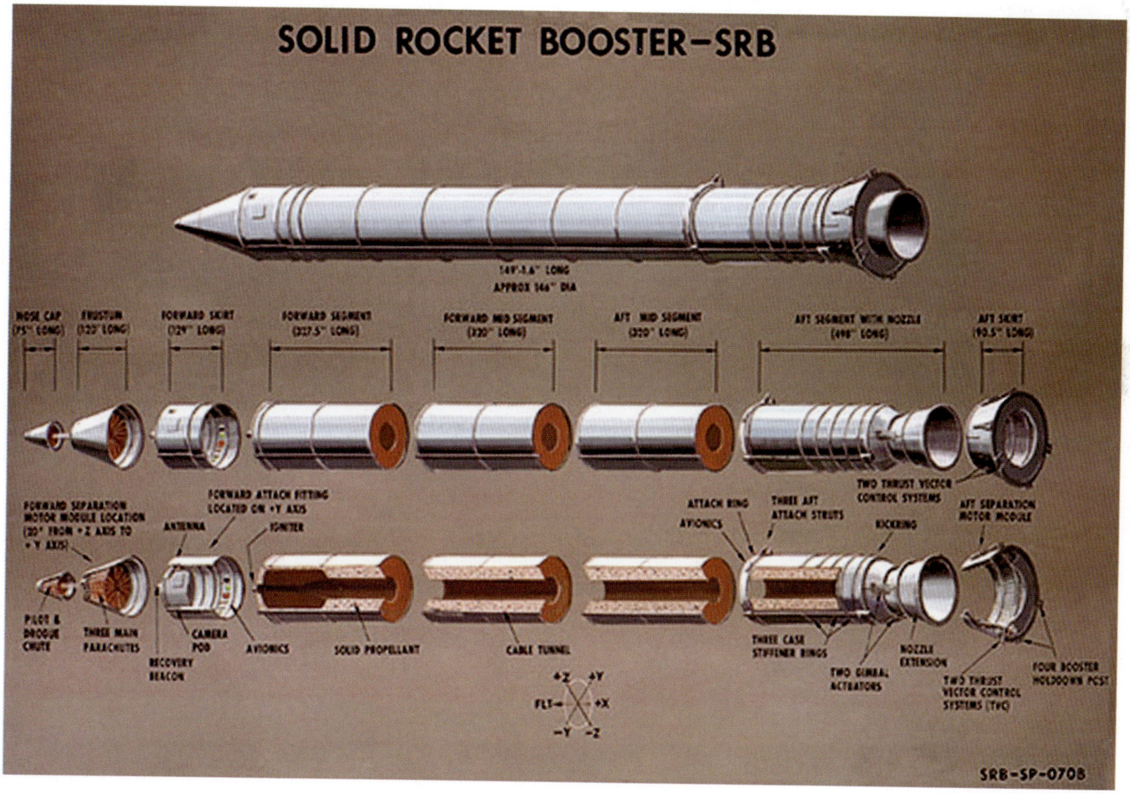

4.1 : शटल का ठोस रॉकेट बूस्टर

के रूप में मानवयुक्त अंतरिक्ष मिशनों के लिए प्रयोग में लाया गया। प्रयोग किए जा चुके ठोस रॉकेट उड़ान के बाद समुद्र से रिकवर कर लिए जाते थे तथा उन्हें आवश्यक रिपेयर के बाद उनमें ईंधन भरकर अनेक मिशनों के लिए पुनः प्रयोग में लाया जाता था। ठोस रॉकेट बूस्टरों के निर्माण के प्राइमरी ठेकेदार ऊटाह के ब्रिघम शहर की एक कंपनी थियोकोल कॉर्पोरेशन थी।

'एस.आर.बी.' (ठोस रॉकेट बूस्टर का संक्षिप्त नाम) के आवरणों को रिकवर करके उन्हें कई बार प्रयोग में लाया जाता था। शटल उड़ान एस.टी.एस.-1 में प्रयुक्त एस.आर.बी. को छह बार (तथा एक ग्राउंड टैस्ट) प्रयोग में लाया गया (30 वर्ष के लंबे अंतराल में)।

विवरण

दो पुनः प्रयोज्यीय 'एस.आर.बी.' शटल को प्रमोचन पैड से 1,50,000 फुट (28 मील अर्थात् 46 कि.मी.) तक उठाने के लिए प्रमुख प्रणोद प्रदान करते थे। प्रमोचन पैड पर दो एस.आर.बी. बाह्य टैंक और ऑरबिटर का पूरा बोझ वहन करते थे तथा उनके ढाँचे के माध्यम से मोबाइल प्रमोचन प्लैटफॉर्म को गतिजता प्रदान करते थे। प्रत्येक बूस्टर का लिफ्ट ऑफ प्रणोद 28,00,000 पौंड बल (12 मेगा न्यूटन समुद्र तल पर प्रदान करते थे, जो थोड़ी देर बाद लिफ्ट ऑफ के बाद 31,00,000 पौंड बल (14 मेगा न्यूटन) प्रदान करते थे।

4.2 : प्रमोचन के दो मिनट बाद दोनों ठोस रॉकेट बूस्टर शटल से अलग हो जाते हैं।

इनका प्रज्वलन शटल के तीनों प्रमुख इंजनों के प्रणोद स्तर की जाँच के बाद किया जाता था। एस.आर.बी. के सेपरेशन के 75 सैकंड के बाद एस.आर.बी. की अपोजी 2,20,000 फुट (42 मील या 67 कि.मी.) पर पहुँच जाती थी तथा उसके बाद पैराशूट प्रस्तरित हो जाते थे और ये दोनों एस.आर.बी. प्रमोचन पैड से 122 नॉटिकल मील (220 कि.मी.) दूर गिर जाते थे। वहाँ से उन्हें एकत्रित कर लिया जाता था।

'एस.आर.बी.' सबसे विशालकाय ठोस नोदक मोटर हैं, जिनका डिज़ाइन पहली बार पुनः प्रयोग के लिए किया गया था तथा पहली बार इन्हें अंतरिक्ष के लिए प्रमोचित किया गया। इनमें से प्रत्येक की लंबाई 149.16 फुट (45.46 मीटर) तथा व्यास 12.17 फुट (3.37 मीटर) था। प्रत्येक 'एस.आर.बी.' का भार लगभग 13,00,000 पौंड (5,90,000 किग्रा.) प्रमोचन के समय होता था। दोनों एस.आर.बी. पूर्ण प्रमोचन लिफ्ट ऑफ भार का 60 प्रतिशत भार होते थे। प्रत्येक एस.आर.बी. का नोदक भार लगभग 11,00,000 पौंड (5,00,000 किग्रा.) होता था। प्रत्येक एस.आर.बी. का इनर्ट भार लगभग 2,00,000 पौंड (91,000 किग्रा.) होता था।

प्रत्येक बूस्टर के प्राइमरी अवयव थे, मोटर (जिसमें शामिल होते थे–आवरण, नोदक, प्रज्वलक एवं नाज़ल), ढाँचा, विलगाव तंत्र, प्रचालन उड़ान उपकरण, रिकवरी वैमानिकी पाइरोटैक्निक्स, त्वरण क्षणिन तंत्र, प्रणोद वेक्टर नियंत्रण तंत्र एवं रेंज़ सुरक्षा तंत्र। एक ओर जहाँ 'ठोस रॉकेट मोटर' और 'ठोस रॉकेट बूस्टर' बहुधा अदला-बदली करते हुए प्रयोग में लाए जाते थे, वहीं तकनीकी उपयोग में उनका मतलब विशिष्ट होता था। 'ठोस रॉकेट बूस्टर' का संबंध संपूर्ण रॉकेट असेंबली से होता था जिसमें शामिल थे–रिकवरी पैराशूट, इलेक्ट्रॉनिक उपकरण, विलगाव रॉकेट, रेंज़ सेफ्टी तंत्र और प्रणोद वेक्टर नियंत्रण। शब्दावली 'ठोस रॉकेट मोटर' का संबंध नोदक, आवरण प्रज्वलक और नाज़ल से होता है।

प्रत्येक बूस्टर बाह्य टैंक से संलग्न होता था। प्रत्येक एस.आर.बी. का फॉरवर्ड छोर बाह्य टैंक के फॉरवर्ड छोर से जुड़ा होता था। प्रमोचन पैड पर प्रत्येक बूस्टर मोबाइल प्रमोचक प्लैटफॉर्म से भी संलग्न होता था (चार फ्रेगाइल नट के द्वारा)। बूस्टर सात स्टील सेगमेंटों से बने होते थे। निर्माणकर्त्ता के द्वारा इनकी असेंबली जोड़ों में की जाती थी तथा उसके बाद जलयान के द्वारा रेल से आखिरी असेंबली के लिए इन्हें कैनेडी अंतरिक्ष केंद्र लाया जाता था। सेगमेंटों को एक साथ फिक्स किया जाता था।

रॉकेट बूस्टरों के अवयव

रॉकेट बूस्टरों के चार प्रमुख अवयव होते थे –

(क) होल्ड डाउन पोस्ट

(ख) हाइड्रोलिक पॉवर इकाई

(ग) प्रणोद वेक्टर नियंत्रण

(घ) रेट जाइरो असेंबली

(ङ) नोदक

प्रत्येक एस.आर.बी. मोटर में नोदक मिश्रण के रूप में अमोनियम परक्लोरेट (ऑक्सीकारक 69.6 प्रतिशत भार के अनुसार), एल्युमीनियम (ईंधन 16 प्रतिशत), लोहा ऑक्साइड (एक उत्प्रेरक 0.4 प्रतिशत), एक पोलीमर (जैसे 'पी.बी.ए.एन.' या 'एच.टी.पी.बी.' 12.04 प्रतिशत) तथा एक इपॉक्सी क्यौरिंग एजेंट (1.96 प्रतिशत) होता था। इस नोदक को प्रायः अमोनियम परक्लोरेट कंपोजिट प्रोपेलेंट अथवा केवल 'एपीसीपी' कहते थे। यह मिश्रण 242 सैकंड का विशिष्ट आवेग (इंपल्स) समुद्र स्तर पर अथवा 268 सैकंड का विशिष्ट आवेग निर्वात में पैदा करता था। प्रमुख ईंधन एल्युमीनियम होता था, क्योंकि इसमें पर्याप्त विशिष्ट ऊर्जा घनत्व (लगभग 31 मेगाजूल प्रति किग्रा.) तथा उच्च आयतन वाला ऊर्जा घनत्व होता था तथा अचानक यह प्रज्वलित नहीं हो सकता था। एस.आर.बी. का यह संरूपण प्रज्वलन पर उच्च प्रणोद प्रदान करता था।

एस.आर.बी. की कार्यप्रणाली

एस.आर.बी. की कार्यप्रणाली के चार चरण निम्न होते थे –

(क) प्रज्वलन – एस.आर.बी. का प्रज्वलन तभी हो सकता था जब एक मैनुअल लॉक पिन प्रत्येक एस.आर.बी. के सेफ एवं आर्म युक्ति से निकाल दी जाती थी। ग्राउंड कर्मचारी दल प्री-लॉन्च गतिविधियों के दौरान इस पिन को हटा देते थे। 'टी-5' मिनट पर एस.आर.बी. की सेफ एवं आर्म युक्ति को आर्म पोजीशन में रोटेट किया जाता था, जब शटल मोटर प्रज्वलन कमांड प्रारंभ स्तर पर होते थे।

4.3 : ठोस रॉकेट बूस्टर जब समुद्र में गिरते हैं, तो इसमें लगे पैराशूट खुल जाते हैं।

4.4 : ठोस रॉकेट बूस्टर की समुद्र से रिकवरी की जा रही है।

(ख) बिलगाव (सेपरेशन) – 14600 फुट (45 कि.मी.) की ऊँचाई पर एस.आर.बी. स्पेस शटल से अलग हो जाते थे। 'एस.आर.बी.' के बिलगाव का प्रारंभ तब होता था, जब तीन ठोस रॉकेट मोटर चैंबर दाब ट्रांसड्यूसर की प्रोसेसिंग रिडैंडेंसी प्रबंध मोड में की जाती थी। एस.आर.बी. के अंदर का दाब 50 प्रति वर्ग इंच (अथवा 340 कि. पैस्कल) होता था।

(ग) रेंज़ सुरक्षा तंत्र – रेंज़ सुरक्षा तंत्र एस.आर.बी. रॉकेट अथवा इसके किसी भाग को रिमोट कमांड से नष्ट करने की क्षमता रखता था यदि प्रमोचन के बाद इसकी आपातकालीन आवश्यकता पड़ जाए। ऐसा तब किया जाता था, जब रॉकेट (एस.आर.बी.) नियंत्रण से बाहर हो जाता था अथवा बस्ती वाले क्षेत्र में इसके गिरने की आशंका बढ़ जाती थी। शटल प्रचालन अवधि में 'रेंज़ सेफ्टी तंत्र' को केवल एक बार सक्रिय किया गया था–स्पेस शटल चैलेंज़र की दुर्घटना के दौरान (स्पेस शटल व्हीकल के ब्रेक अप के 37 सैकंड के बाद)। शटल में दो रेंज़ सुरक्षा तंत्र (आर.आर.आर.) होते थे तथा एक आर.एस.एस. प्रत्येक एस.आर.बी. में होता था।

(घ) एस.आर.बी. का गिरना एवं रिकवरी – दोनों एस.आर.बी. शटल तंत्र से दो मिनट के बाद 1,46,000 फुट (44.5 कि.मी.) की ऊँचाई से पृथ्वी पर गिरना प्रारंभ कर देते थे। पृथ्वी के वायुमंडल में उनकी गति पैराशूट के खुल जाने के कारण कम हो जाती थी, जिससे समुद्र के ऊपर गिरते समय आघात से वे क्षतिग्रस्त न हों।

5

स्पेस शटल का बाह्य टैंक

स्पेस शटल का बाह्य टैंक (ईटी) स्पेस शटल का वह अवयव था जिसमें द्रव हाइड्रोजन ईंधन एवं द्रव ऑक्सीजन ऑक्सीकारक होता था। स्पेस शटल के लिफ्ट ऑफ एवं उत्थापन के समय यह बाह्य टैंक शटल के तीन प्रमुख इंजनों (एसएसएमई), जो ऑरबिटर में लगे होते थे, को दाब के साथ ईंधन की आपूर्ति प्रदान करता था। प्रमुख इंजनों के कट-ऑफ (मेको) के 10 सैकंड के बाद बाह्य टैंक शटल से अलग होकर गिर जाता था तथा पृथ्वी के वायुमंडल में प्रवेश करता था। ठोस रॉकेट बूस्टर से हटकर बाह्य टैंक (ईटी) शटल का पुनः प्रयोज्यीय अवयव नहीं होता था। पृथ्वी वायुमंडल में प्रवेश करने के समय टूटकर तथा री-एंट्री हीट से जलकर यह नष्ट हो जाता था तथा भारतीय समुद्र अथवा प्रशांत महासागर में गिर जाता था। इस टैंक को रिकवर नहीं किया जाता था। यद्यपि बाह्य टैंकों को हर समय फेंक दिया जाता था, लेकिन उन्हें अंतरिक्ष की कक्षा में पुनः प्रयोग किया जा सकता था। इस संदर्भ में कुछ योजनाएँ भी बनाई गईं तथा यह भी सोचा गया कि इन्हें अतिरिक्त आवासीय अथवा अनुसंधान के लिए अथवा अंतर्तारकीय उड़ानों के लिए प्लैटफॉर्म की तरह प्रयोग किया जाए अथवा कक्षीय फैक्टरियों के रूप में प्रयोग किया जाए। एक अन्य संकल्पना पर भी विचार किया गया था कि इसे बल्की और जटिल

5.1 : स्पेस शटल उड़ान एस टी एस-124 के प्रमोचन के बाद बाह्य टैंक शटल से अलग होता हुआ।

नीतभारों के लिए कार्गो कैरियर के रूप में प्रयोग किया जाए। एक अन्य प्रस्ताव यह भी लाया गया कि इसमें सात मीटर अपर्चर वाली दूरबीन स्थापित की जाए। एक अन्य प्रस्ताव में इसे ऐफ्ट कार्गो कैरियर के रूप में भी प्रयोग करने पर विचार किया गया। बाह्य टैंक स्पेस शटल का सबसे विशाल अवयव था तथा जब इसमें ईंधन भरा जाता था, तो यह सबसे भारी अवयव बन जाता था। इसके तीन प्रमुख अवयव होते थे –

(क) फॉरवर्ड द्रव ऑक्सीजन (एल.ओ.एक्स.) टैंक।

(ख) एक दाब रहित अंतः टैंक जिसमें अधिकतर विद्युत अवयव होते थे।

(ग) ऐफ्ट द्रव हाइड्रोजन (LH_2) टैंक, यह सबसे बड़ा अवयव होता था, लेकिन यह सापेक्षतया हल्का होता था। इसके हल्के होने का कारण था हाइड्रोजन का अत्यधिक निम्न घनत्व।

स्पेस शटल के प्रमोचन के समय बाह्य टैंक रीढ़ की हड्डी (बैक बोन) की भाँति कार्य करता था तथा ठोस रॉकेट बूस्टर (एस.आर.बी.) और ऑरबिटर के अटैचमेंट को स्ट्रक्चरल सपोर्ट प्रदान करता था। बाह्य टैंक प्रत्येक 'एस.आर.बी.' से एक फॉरवर्ड संलग्न बिंदु से जुड़ा रहता था (और एक ऐफ्ट ब्रैकेट से भी) तथा ऑरबिटर का फॉरवर्ड संलग्नक बाईपॉड से जुड़ा होता था।

5.2 : असेंबली के लिए बाह्य टैंक को व्हीकल असेंबली बिल्डिंग में ले जाया जा रहा है।

5.3 : पानी वाले जहाज़ के द्वारा बाह्य टैंक को पोर्ट कैनेवेरल पर पहुँचाया जा रहा है।

बाह्य टैंक के विभिन्न स्वरूप (वर्जन)

पिछले अनेक वर्षों में नासा ने ओवर आल दक्षता को बढ़ाने के लिए काफी कार्य किए थे। प्रत्येक पौंड के भार को कम करने के लिए स्पेस शटल के अंतरिक्ष यान की कार्गो वहन क्षमता लगभग एक पौंड बढ़ाई गई थी। बाह्य टैंक को अंतरिक्ष में अंतरिक्ष स्टेशन के रूप में भी प्रयोग करने की योजना बनाई गई थी। बाह्य टैंक के विभिन्न स्वरूप थे –

(क) मानक भार टैंक – ओरिजिनल बाह्य टैंक को सामान्यता मानक भार टैंक कहते थे तथा इसका फैब्रीकेशन '2219' से किया जाता था, जिसे सामान्य भाषा में एल्युमीनियम ताँबा, मिश्र धातु कहते हैं। प्रथम दो बाह्य टैंक (शटल अभियानों एसटीएस-1 और एसटीएस-2) सफेद रंग से रंगे गए थे जिससे उन्हें प्रमोचन पैड पर एक्सटेंडेड मिशनों के दौरान अल्ट्रावायलेट प्रकाश से होने वाली क्षति से बचाया जा सके। बाद में पता चला कि यह कोई समस्या नहीं थी। इसलिए (तथा इसका भार कम रखने के लिए) स्पेस शटल मिशन एसटीएस-3 से लॉकहीड मार्टिन कंपनी ने बाह्य टैंक को रंगना बंद कर दिया तथा इंसूलेशन पर रस्ट कलर स्प्रे करना प्रारंभ कर दिया।

(ख) हल्के भार वाले टैंक – एसटीएस-6 मिशन से हल्के भार वाले बाह्य टैंक प्रारंभ किए गए। ये टैंक अधिकांश शटल उड़ानों के लिए प्रयुक्त किए गए तथा इनका आखिरी प्रयोग स्पेस शटल कोलंबिया की दुर्घटनाग्रस्त उड़ान (एसटीएस-107) तक किया जाता रहा। यद्यपि ये टैंक भार की दृष्टि से थोड़ा परिवर्तित

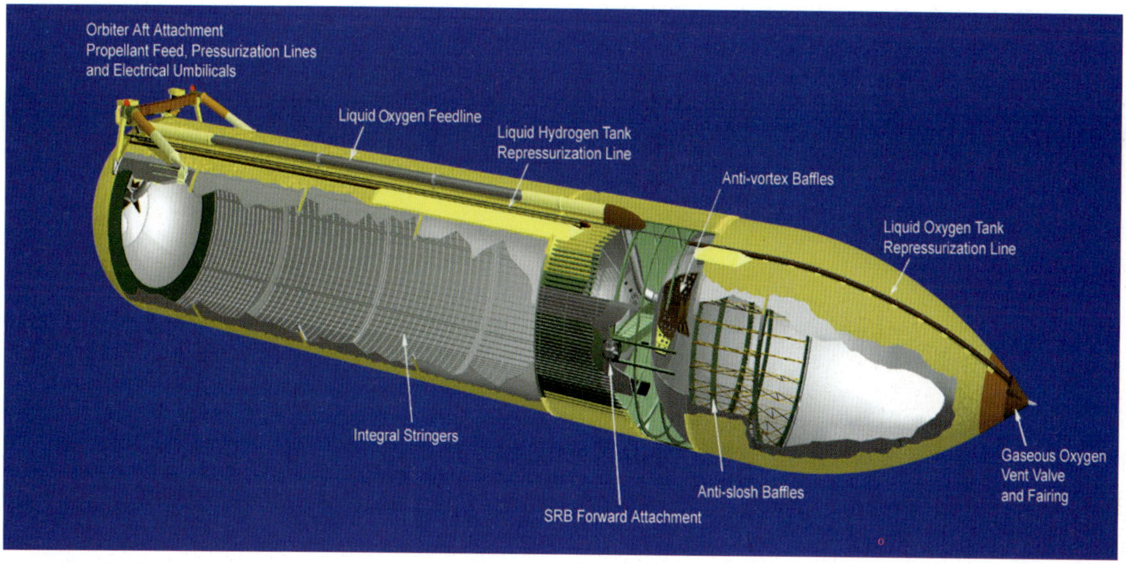

5.4 : बाह्य टैंक का कट-वे डायग्राम

थे तथा प्रत्येक का भार 30,000 किग्रा. (66,000 पौंड) इनर्ट होता था। मानक भार टैंक (एस. डब्ल्यू.टी.) से भार की कमी कुछ अवयवों को कम करके प्राप्त की गई थी।

(ग) सुपर हल्के भार वाले टैंक – इस प्रकार का बाह्य टैंक पहली बार 1998 में शटल मिशन एसटीएस-91 के साथ प्रयुक्त हुआ था तथा इसके बाद केवल दो बार शटल अभियानों एसटीएस-99 एवं एसटीएस-107 में प्रयोग में लाया गया था। इस टैंक का मूल रूप से वही डिज़ाइन है जिसका प्रयोग हल्के भार वाले टैंक में किया गया था तथा अंतर केवल यह था कि इसमें टैंक के विशाल भाग के स्ट्रक्चर में एल्युनीनियम/लीथियम मिश्र धातु (AI 2195) का प्रयोग किया गया था। इससे टैंक के भार में काफी कमी आई (लगभग 3175 किग्रा./7000 पौंड की)। यद्यपि सुपर हल्के भार वाले टैंक के बाद निर्मित सारे टैंक इसी संरूपण के थे, लेकिन एक हल्के भार वाले टैंक का प्रावधान फिर भी रखा गया था। सुपर हल्के भार वाले टैंक ने अंतर्राष्ट्रीय अंतरिक्ष स्टेशन अल्फा में पहुँचने के लिए 50 प्रतिशत निष्पादन को बढ़ाया।

बाह्य टैंक के तीन प्रमुख ढाँचे होते थे–द्रव ऑक्सीजन टैंक, एक इंटरटैंक और एक द्रव हाइड्रोजन टैंक। दोनों टैंकों का निर्माण एल्युमीनियम मिश्र धातु की परत से किया जाता था तथा स्थायित्व के लिए ढाँचे में फ्रेम के द्वारा सपोर्ट प्रदान किया जाता था (आवश्यकतानुसार)। इंटरटैंक एल्युमीनियम ढाँचे में स्थायित्व फ्रेम के साथ परतों के स्टिंजर्स का प्रयोग किया जाता था। सभी तीनों ढाँचों के लिए प्रयुक्त प्रमुख पदार्थ 2195 एवं 2090 मिश्र धातु होते थे। AI 2195 एक एल्युमीनियम लीथियम मिश्र धातु होता है, जिसका डिज़ाइन लॉकहीड मार्टिन ने क्रायोजेनेक्स संचयन के लिए किया था।

द्रव ऑक्सीजन टैंक

द्रव ऑक्सीजन टैंक बाह्य टैंक के ऊपर स्थित होता था तथा इसका आकार नुकीला होता था, जिससे एयरोडाइनामिक प्रतिरोध और एयरोथर्मो डाइनीमिक तापन को कम किया जा सके। इसके ऊपरी सेक्शन में एक चौरस खुलनीय कवर प्लेट एवं नोज़ कोन होता था। नोज़ कोन में एक खुलनीय असेंबली होती थी जो एयरोडाइनामिक फेयरिंग के रूप में नोदक का कार्य करती थी। द्रव ऑक्सीजन टैंक का आयतन 19,744 घन फुट (559.1 घन मीटर) होता था (250 किलो पैसकल अभीष्ट दाब पर एवं -297 डिग्री फारेनहाइट तापमान पर)। यह टैंक ऑक्सीजन की आपूर्ति 17 इंच (430 मिमी.) व्यास वाली फीड लाइन के द्वारा लगभग 1,264 कि.ग्रा. प्रति सैकंड की दर से करता था।

5.5 : बाह्य टैंक को ऑरबिटर से जोड़ने की तैयारी की जा रही है।

5.6 : स्पेस शटल की आखिरी उड़ान के लिए बाह्य टैंक तैयार।

इंटर टैंक

इंटर टैंक, बाह्य टैंक का ढाँचीय कनेक्शन होता था, जो द्रव ऑक्सीजन एवं द्रव हाइड्रोजन टैंकों को जोड़ता था। इसका प्रमुख कार्य ठोस रॉकेट बूस्टरों से सभी प्रणोद लोड को प्राप्त करना और वितरित करना था (टैंक के बीच)।

द्रव हाइड्रोजन टैंक

यह टैंक बाह्य टैंक के निचले हिस्से में होता था। यह टैंक चार बेलनाकार बैरेल सैक्शनों से बनाया जाता था। द्रव हाइड्रोजन टैंक का आयतन 3.02 बार अभीष्ट दाब एवं -423 डिग्री फारेनहाइट (अथवा 20.4 डिग्री केल्विन या -252.8 डिग्री सेंटीग्रेड) तापमान पर 53,488 घन फुट (1514.6 घन मीटर) होता था। द्रव हाइड्रोजन की आपूर्ति भी 17 इंच व्यास की लाइन के द्वारा की जाती थी तथा प्रवाह की दर 465 पौंड प्रति सेकन्ड (या 211 किग्रा. प्रति से.) थी।

तापीय सुरक्षा तंत्र

बाह्य टैंक के तापीय तंत्र में मुख्यतया स्प्रे-ऑन फोम इंसूलेशन होता था। इसमें फेनोलिक तापीय इंसूलेटरों का भी प्रयोग किया जाता था। इस तंत्र का भार 4223 पौंड (2188 किग्रा.) था।

6

स्पेस शटल का ऑरबिटर

स्पेस शटल का ऑरबिटर डिज़ाइन में एक वायुयान से मिलता-जुलता था। इसका आकार लगभग वैसा ही था जैसा मैकडोनेल डगलस का डीसी-9 वायुयान का था। इसके प्रतिक्रिया नियंत्रण तंत्र 44 लघु आकार के द्रव ईंधन चालित रॉकेट प्रणोदक थे तथा उनका नाजुक कंप्यूटरीकृत उड़ान नियंत्रण तंत्र था। इसका सामान्य अभिवृत्ति नियंत्रण तंत्र प्रमोचन, परिक्रमण और पृथ्वी के वायुमंडल में प्रवेश के समय पिच, रोल और यॉ अक्ष रेखाओं में काम करता था। यह तंत्र कोई भी आवश्यक कक्षीय मनूवर कार्य भी करता था जिसमें अभिवृत्ति, कक्षीय प्लेन, उत्केंद्रता जैसे गणक शामिल होते थे। इन प्रचालनों में अभिवृत्ति नियंत्रण की तुलना में अधिक पॉवर और ऊर्जा की आवश्यकता पड़ती थी। प्रतिक्रिया नियंत्रण तंत्र के फॉरवर्ड रॉकेट स्पेस शटल ऑरबिटर की नोज़ के पास स्थित थे, जिनमें 12 प्राइमरी और दो वर्नियर प्रतिक्रिया नियंत्रण तंत्र के रॉकेट थे। यह तंत्र अधिकांश पृथ्वी के वायुमंडल में प्रवेश के दौरान की प्रक्रियाओं में भी अभिवृत्ति का नियंत्रण करता था।

6.1 : शटल का ऑरबिटर

ऑरबिटर के दाबयुक्त भाग में अंतरिक्ष यात्री रहते थे। इसे दाबयुक्त केबिन कहते थे तथा इसके तीन स्तर होते थे। ये थे फ्लाइट डैक, मिड डैक तथा उपयोगी क्षेत्र (युटीलिटी एरिया)। इनमें सबसे अधिक ऊँचाई पर फ्लाइट डैक होता था, जिसमें स्पेस शटल का कमांडर और को-पायलट बैठता था। उनके पीछे दो मिशन विशेषज्ञ भी बैठा करते थे। मिड डैक फ्लाइट डैक के नीचे होती थी तथा बाकी अंतरिक्ष यात्री दल के लिए यहाँ पर तीन सीटें होती थीं। मिड डैक में गैली, शौचालय, शयनकक्ष, संचयन लॉकर और साइड हैच भी स्थित थे। इसमें एयरलॉक भी स्थित थे। एयर लॉक का एक अतिरिक्त हैच नीतभार बे के लिए था। एयर लॉक के द्वारा दो अंतरिक्ष यात्री अपने स्पेस सूटों को स्पेस वॉक के पहले डी-प्रेसराइज़ कर सकते थे तथा स्पेस वॉक की समाप्ति के बाद उन्हें री-प्रेसराइज़ करके ऑरबिटर में प्रवेश करते थे।

नोदक

शटल के तीन प्रमुख इंजन ऑरबिटर के ऐक्ट फ्यूज़लेज़ में समत्रिबाहु त्रिभुज पैटर्न में माउंट किए हुए थे। ये द्रव ईंधन चालित इंजन थे। ये पूरी स्पेस शटल को अंतरिक्ष कक्षा की ओर मोड़ते थे। फ्यूज़लेज़ के ऐफ्ट में तीन सहायक पॉवर इकाइयाँ (एपीयू) होती थीं, जो हाइड्राजीन के प्रज्वलन से भी हाइड्रोलिक तंत्रों को हाइड्रोलिक दाब प्रदान करती थीं। इसके अलावा दो ऑरबिटर मनूवर तंत्र (ओएमएस) प्रणोदक दो अलग पॉड्स में माउंट किए गए थे। ओएमएस इंजन सूक्ष्म कक्षीय मनूवर के लिए पर्याप्त प्रणोद प्रदान करते थे। लिफ्ट-ऑफ (स्पेस शटल) के समय दो ठोस रॉकेट बूस्टर स्पेस शटल को 1,40,000 फुट की ऊँचाई तक ले जाते थे।

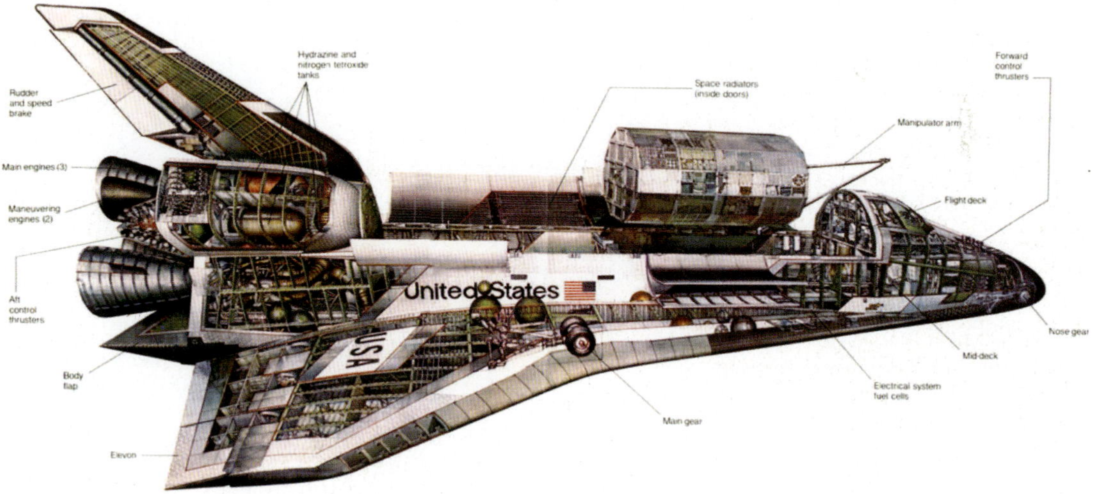

6.2 : ऑरबिटर का विस्तृत विवरण

तापीय सुरक्षा

ऑरबिटर की सुरक्षा तापीय सुरक्षा तंत्र (टीपीएस) द्रव्य से की जाती थी, जिसका विकास रॉकवेल अंतरिक्ष तंत्र कंपनी के द्वारा किया गया था। 'टीपीएस' द्रव्य शटल को अंतरिक्ष के -121 डिग्री सेंटीग्रेड तापमान से लेकर इसके पृथ्वी में प्रवेश (री-एंट्री) के समय 1649 डिग्री सेंटीग्रेड तापमान से बचाता था।

ऑरबिटर ढाँचा

ऑरबिटर का ढाँचा मुख्य रूप से एल्युमीनियम के मिश्र धातु से बनाया गया था, जब कि इंजन का प्रणोद ढाँचा टाइटैनियम मिश्र धातु से बनाया गया था। स्पेस शटल की खिड़कियाँ एल्युमीनियम सिलिकेट ग्लास और फ्यूज्ड सिलिका ग्लास से बनाई गई थीं।

लैंडिंग गियर

शटल के ऑरबिटर में लैंडिंग गियर के तीन सेट (पहिए, ब्रेक और स्टीयरिंग मोटर) थे। भार को कम करने की दृष्टि से गियर को डिप्लॉय करने के बाद उसे पुनः वापस पूर्व स्थिति में नहीं लाया जा सकता था तथा यह बात इसके डिज़ाइन में ध्यान में रखी गई थी। चूँकि शटल उच्च गति के साथ लैंड करता था, इसलिए लैंडिंग

6.3 : ऑरबिटर का कॉकपिट

के बाद इसके स्थान (एबार्ट) की कोई संभावना नहीं रखी गई थी। अलबत्ता यह बात सावधानीपूर्वक ध्यान में रखी गई थी कि गियर विश्वसनीय तरीके से प्रस्तरित (डिप्लाय) हों।

नेविगेशन प्रकाश की कमी

स्पेस शटल ऑरबिटर में एंटी-टकराव लाइटें, नेवीगेशन लाइटें अथवा लैंडिंग लाइटें प्रयोग नहीं की जाती थी तथा इसका प्रमुख कारण यह था कि ऑरबिटर हर समय उन्हीं क्षेत्रों में लैंड करता था, जिन्हें फेडेरल एवियेशन एडमिनिस्ट्रेशन एवं वायु सेवा का क्लियरेंस मिल चुका होता था। ऑरबिटर लगभग हर समय या तो एडवार्ड्स वायुसेना बेस (कैलीफोर्निया) अथवा कैनेडी अंतरिक्ष केंद्र (फ्लोरिडा) में लैंड करता था, यद्यपि एक मिशन (एसटीएस-3) ह्वाइट सैंड्स स्पेस हार्बर (न्यूमैक्सिको) में भी लैंड किया था।

ऑरबिटर के विभिन्न तकनीकी गणक सारणी-6.1 में दिए गए हैं।

सारणी–6.1

ऑरबिटर के सांख्यिकीय आँकड़े

1.	ऊँचाई (रन वे पर)	:	17.2 मीटर
2.	लंबाई	:	37.2 मीटर
3.	पंख चौड़ाई (विंगस्पैन)	:	23.8 मीटर
4.	मिड फ्यूज़लेज		
	(क) लंबाई	:	18.28 मीटर
	(ख) चौड़ाई	:	5.4 मीटर
	(ग) ऊँचाई	:	3.96 मीटर
5.	एफ्ट फ्यूज़लेज		
	(क) लंबाई	:	5.48 मीटर
	(ख) चौड़ाई	:	6.7 मीटर
	(ग) ऊँचाई	:	6.09 मीटर
6.	नीतभार बे दरवाज़े	:	
	(क) लंबाई	:	18.28 मीटर
	(ख) व्यास	:	4.57 मीटर
	(ग) चौड़ाई	:	6.9 मीटर
	(घ) सतह	:	148.64 वर्ग मीटर
7.	बॉडी फ्लैप	:	12.62 मीटर, 6.09 मीटर चौड़ाई

स्पेस शटल के विभिन्न ऑरबिटरों का विवरण

स्पेस शटल प्रथम पुनः प्रयोज्यीय अंतरिक्ष यान था तथा इसी गुण के फलस्वरूप अंतरिक्ष यानों की एक फ्लीट का निर्माण किया गया जिन्हें विभिन्न अभियानों के लिए अंतरिक्ष में प्रमोचित किया जाता था तथा पृथ्वी पर लैंड करने के बाद उनकी आवश्यकतानुसार रिपेयर और मरम्मत करके अगले मिशनों के लिए पुनः तैयार किया जाता था। शटल के इन सभी ऑरबिटरों का वर्णन यहाँ दिया जा रहा है। कोलंबिया से लेकर चैलेंज़र, डिस्कवरी और एंड्यौर, अटलांटीस ऑरबिटरों ने कई बार लोगों और कार्गो को अंतरिक्ष में पहुँचाया था तथा वहाँ से वापस लाया था।

(क) एंटरप्राइज – प्रथम स्पेस शटल (कक्षीय व्हीकल 101 ओवी-101) का विकास अंतरिक्ष मिशनों के लिए नहीं किया गया था। इसका प्रयोग नासा के टैस्ट फ्लाइट सेंटर (कैलीफोर्निया के एडवार्ड एयर फोर्स बेस) से पॉवररहित टैस्ट उड़ान भरने के लिए किया जाता था। यह शटल संवद्र्धित बोइंग 747 शटल कैरियर वायुयान के ऊपर लगाकर उठाया जाता था और फ्लाई कराया जाता था। इसके द्‌वारा पाँच टेस्ट उड़ानें (कुल 19 मिनट की मुक्त उड़ान के साथ) संपन्न हुई। इसकी प्रथम उड़ान 12 अगस्त, 1977 को

6.4 : ऑरबिटर की पीछे की खिड़की से देखने का दृश्य।

तथा आखिरी उड़ान 26 अक्तूबर, 1977 को संपन्न हुई। एंटरप्राइज स्मिथसोनियन संस्थान के स्टीवन एफ उडवार-हैज़ी केंद्र (वाशिंग्टन डी सी के पास) में स्थापित किया गया है।

6.5 : ऑरबिटर का लैंडिंग गियर

(ख) कोलंबिया – कोलंबिया (ओवी-102) अंतरिक्ष में फ्लाई करने वाला प्रथम शटल था तथा शटल फ्लीट के सबसे पुराने सदस्य के रूप में यह अपने उत्तराधिकारियों की तुलना में अधिक भारी था। तकनीकी उत्कृष्टता की दृष्टि से बाद में निर्मित अन्य ऑरबिटरों का भार कम होता गया। कोलंबिया शटल की चार उड़ानों ने अंतरिक्ष अन्वेषण की ऊँचाई को ऊपर चढ़ाया। इस शटल में शटल की सीटें इजेक्शन प्रक्रिया वाली थी। फरवरी 2003 को स्पेस शटल मिशन की समाप्ति पर जब यह वापस पृथ्वी की ओर बढ़ रहा था तो पृथ्वी के वायुमंडल में प्रवेश करते समय यह नष्ट हो गया। इस उड़ान के सात अंतरिक्ष यात्री मृत्यु को प्राप्त हुए। स्पेस शटल कोलंबिया ने अंतरिक्ष में 300 दिन 17 घंटे 46 मिनट 42 सैकंड का समय गुजारा, पृथ्वी की 4,808 परिक्रमाएँ की, तथा अंतरिक्ष में 201,497,772 कि.मी. की यात्रा की।

(ग) चैलेंज़र शटल – चैलेंज़र स्पेस शटल का कैरियर स्ट्रक्चरल टैस्ट व्हीकल के रूप में (ओ वी-099) प्रारंभ हुआ। शटल एंटरप्राइज को अंतरिक्ष यात्रा योग्य बनाने के संदर्भ में अध्ययन के दौरान नासा ने गणना के आधार पर यह पाया कि ओ वी-099 को शटल व्हीकल (जिसे अंतरिक्ष में भेजा जा सके) ओ वी-099 के रूप में परिवर्तित करना आसान था। स्पेस शटल चैलेंज़र की प्रथम उड़ान अप्रैल 1983 में एसटीएस-6 मिशन से प्रारंभ हुई तथा शटल के प्रारंभिक प्रचालन वर्षों में यह नासा का वर्क हॉर्स बन गया। वर्ष 1985 तक नासा के अधिकांश अंतरिक्ष मिशनों में शटल चैलेंज़र की 85 प्रतिशत तक भागेदारी रही है। दसवें मिशन के प्रचालन के समय स्पेस शटल चैलेंज़र 28 फरवरी, 1986 को नष्ट हो गया तथा इसके सभी सातों अंतरिक्ष यात्री मृत्यु को प्राप्त हुए। स्पेस शटल चैलेंज़र ने नौ उड़ानें पूरी की तथा अपनी दसवीं उड़ान में यह

दुर्घटनाग्रस्त हो गया। इसने अंतरिक्ष में 67 दिन 07 घंटे 56 मिनट 15 सैकंड का समय गुजारा। इसने पृथ्वी की 995 परिक्रमाएँ की।

(घ) स्पेस शटल डिस्कवरी – शटल डिस्कवरी (ओ वी-103) सबसे अधिक कर्मणी स्पेस शटल रहा है तथा अगस्त 1984 (इसकी प्रथम उड़ान के बाद) इसकी ऑपरेशन मिशन अवधि में 39 सफल उड़ानें संपन्न हुईं। कोलंबिया और चैलेंज़र के बाद यह स्पेस शटलों में तीसरा ऑपरेशनल शटल व्हीकल था तथा हब्बल अंतरिक्ष दूरबीन को अंतरिक्ष की कक्षा में स्थापित करने वाला यही स्पेस शटल था। चैलेंज़र और कोलंबिया स्पेस शटल दुर्घटनाओं के बाद दो रिटर्न-टु-फ्लाइट उड़ानों (किसी शटल दुर्घटना के बाद कुछ महीने के शटल कार्यक्रम में विराम के बाद जो शटल की प्रथम उड़ानें हुईं, उन्हें रिटर्न-टु-फ्लाइट का नाम दिया गया) में स्पेस शटल डिस्कवरी का प्रयोग किया गया।

शटल उड़ान एसटीएस-133 के बाद स्पेस शटल डिस्कवरी को सरकारी तौर पर डीकमीशन कर दिया गया। अपनी प्रचालन अवधि में शटल डिस्कवरी ने पृथ्वी की 5830 परिक्रमाएँ की तथा विभिन्न मिशनों के ऊपर अंतरिक्ष में एक वर्ष से अधिक (365 दिन 12 घंटे 53 मिनट 34 सै.) का समय गुजारा।

(ङ) अटलांटीस शटल – अटलांटीस स्पेस शटल (ओवी-104) चौथा अंतरिक्ष व्हीकल था। अक्तूबर, 1985 से लेकर इसकी 33 उड़ानें संपन्न हुईं। इसकी आखिरी उड़ान एसटीएस-135 थी। 1989 में इसने मैगेलन प्रोब (शुक्र ग्रह के लिए) प्रस्तरित की तथा बृहस्पति ग्रह के लिए गैलीलियो प्रोब अंतरिक्ष में प्रस्तरित की। वर्ष 1991 में इसने कॉम्पटन गामा किरण प्रेक्षणशाला को अंतरिक्ष में पहुँचाया। अटलांटीस प्रथम शटल था, जो पहली बार किसी अंतरिक्ष स्टेशन (मीर अंतरिक्ष स्टेशन) से अंतरिक्ष में जुड़ा तथा यह जुड़न प्रक्रिया 1995 में हुई। इसके द्वारा योरोप की कोलंबस प्रयोगशाला वर्ष 2008 में अंतरिक्ष में ले जाकर अंतर्राष्ट्रीय अंतरिक्ष स्टेशन से जोड़ी गई। आँकड़ों के अनुसार स्पेस शटल अटलांटीस का निर्माण सबसे कम समय (प्रथम स्पेस शटल के निर्माण में लगे समय का आधा तथा यह शटल कोलंबिया था) में संपन्न हुआ। इस शटल की एक खास बात यह भी थी कि इसमें सबसे कम समस्याएँ आई। इसकी आखिरी उड़ान के बाद इसे डिस्प्ले के लिए कैनेडी अंतरिक्ष केंद्र की विजिटर गैलरी में स्थापित किया गया। अपनी आखिरी अंतरिक्ष उड़ान (एसटीएस-135) के पहले तक अटलांटीस स्पेस शटल ने अंतरिक्ष में 293 दिन 18 घंटे 29 मिनट 37 से. का समय गुजारा था तथा 4648 बार पृथ्वी की परिक्रमाएँ की थी।

(च) स्पेस शटल एंड्यौर – शटल एंड्यौर (ओवी-105) सबसे युवा स्पेस शटल था, जिसकी प्रथम उड़ान मई 1992 में हुई। इसका निर्माण स्पेस शटल चैलेंज़र के रिप्लेसमेंट के रूप में किया गया था (जो 1986 में दुर्घटनाग्रस्त हो गया था)। इसका निर्माण डिस्कवरी और अटलांटीस स्पेस शटलों के बचे हुए स्ट्रक्चरल स्पेयर अवयवों को मिलाकर किया गया था। वर्ष 1998 में अंतर्राष्ट्रीय अंतरिक्ष स्टेशन में जाने वाला तथा उसके

अवयव नोड-1 को डिलीवर करने वाला यह प्रथम स्पेस शटल था। नोड-1 अंतर्राष्ट्रीय अंतरिक्ष स्टेशन का प्रथम अमरीकी अवयव था। शटल एंड्यौर की आखिरी उड़ान एसटीएस-134 थी, जो मई 2011 में संपन्न हुई। इसकी उड़ान के बाद इसकी कनाडाआर्म को कनाडा भेज दिया गया तथा शटल के बाकी भाग को लांस एंजीलीस के कैलीफोर्निया विज्ञान केंद्र को भेंट कर दिया गया (वहाँ पर डिस्प्ले करने के लिए)। स्पेस शटल एंड्यौर ने अपने 25 अंतरिक्ष मिशनों के द्वारा पृथ्वी की 4,677 परिक्रमाएँ की तथा अंतरिक्ष में 296 दिन 2 घंटे 18 मिनट और 35 से. का समय गुजारा।

7

स्पेस शटल की रोबोटिक भुजा

यह स्वाभाविक ही था कि जब स्पेस शटल के विषय में सोचा गया तो इसके विषय में यह भी सोचा गया कि इसमें इस चीज़ का भी प्रबंध हो कि इसके कार्गो बे से भारी-भारी उपकरण एवं अन्य लॉजिस्टिक सामग्री उतारने एवं आवश्यकतानुसार बाहर की सामग्री इसमें चढ़ाने का भी प्रबंध हो। इसके लिए विभिन्न विकल्पों पर चिंतन किया गया। जैसे–इजेक्शन युक्ति लेकिन अंत में मामला एक क्रेन के ऊपर टिका जो सामान को उठाकर ऊपर-नीचे अन्य प्लैटफॉर्म पर पहुँचा सके। शटल के 30 वर्ष तीन महीने के जीवनकाल में उसी आकर्षक क्रेन ने स्पेस शटल के दाहिने हाथ के रूप में कार्य किया है, जिसके द्वारा अंतरिक्ष में भारी सामान उठाया जा सका है तथा आवश्यकतानुसार इसने नाजुक स्पर्श वाले कार्य भी किए गए हैं। स्पॉर एयरोस्पेस के भूतपूर्व सिस्टम इंजीनियर पीटर चैडविक के अनुसार, "इसने (स्पेस शटल की क्रेन अर्थात् स्पेस शटल की रोबोटिक भुजा) अनेक ऐसे कार्य किए हैं, जिनके विषय में पहले कभी नहीं सोचा गया था।" स्पॉर एयरोस्पेस कनाडा की वह कंपनी है, जिसने इस रोबोटिक भुजा को विकसित किया था। इसका तकनीकी नाम है,' रिमोट मैनीपुलेटर तंत्र', जिसे 'कनाडाआर्म' भी कहते हैं (उस देश को सम्मान देने के लिए जिसने इसका विकास किया)। सामान्य भाषा में इसे स्पेस शटल की रोबोटिक भुजा भी कहते हैं।

7.1 : एस.टी.एस. - 116 शटल मिशन के दौरान रोबोट भुजा का ऑपरेशन

7.2 : हब्बल अंतरिक्ष दूरबीन की अंतरिक्ष में सर्विसिंग

स्पेस शटल का रिमोट मैनीपुलेटर तंत्र (एस.आर.एम.एस.) अथवा कनाडाआर्म शटल के ऑरबिटर के लिए रोबोटिक भुजा प्रदान करने के लिए अमरीकी और कनाडा सरकार के बीच का एक तकनीकी समझौता था। इसके लिए स्पॉर कंपनी प्रमुख उप ठेकेदार (कनाडा की राष्ट्रीय अनुसंधान काउंसिल जिसका वर्तमान नाम कनाडा अंतरिक्ष संस्था है) के रूप में नियुक्त की गई। जुलाई 1975 में यह नियुक्ति हुई जिसके अंतर्गत स्पॉर कंपनी को मैनीपुलेटेर आर्म का डिज़ाइन विकास, जाँच-पड़ताल और आँकलन के बाद नासा को सप्लाई किया जाना था। इस कार्यक्रम पर कार्य 1975 में प्रारंभ हुआ तथा अप्रैल, 1981 में प्रथम एस.आर.एम.

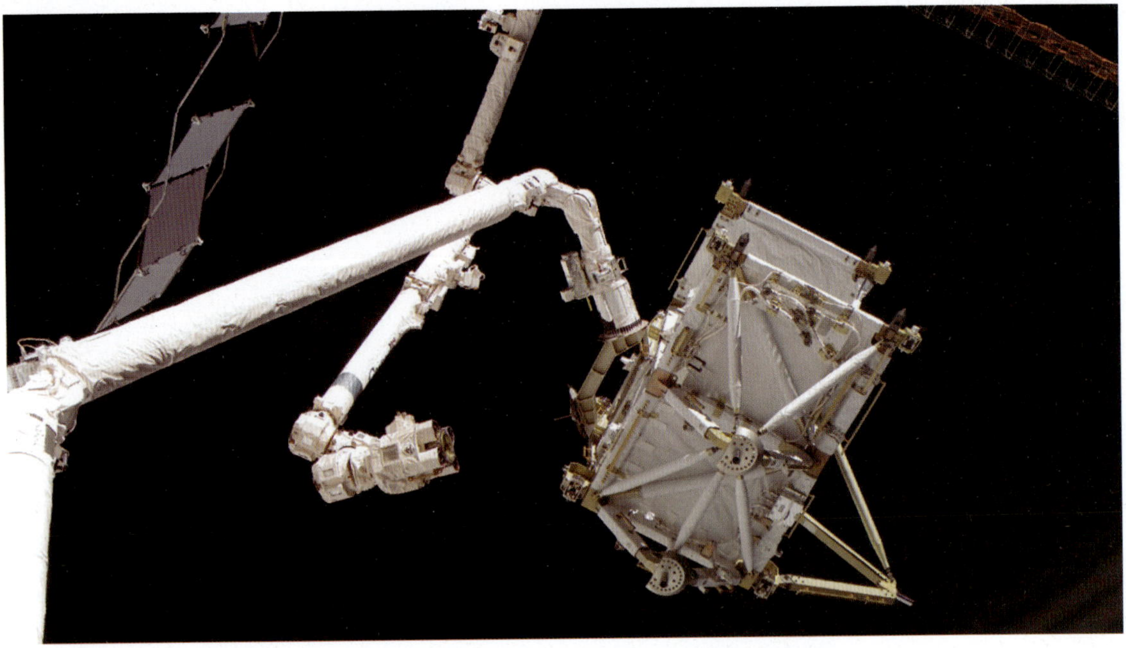

7.3 : शटल की रोबोटिक भुजा तथा अंतर्राष्ट्रीय अंतरिक्ष स्टेशन की रोबोटिक भुजाएँ एक साथ (एस. टी.एस.-116 मिशन के दौरान)

(शटल रिमोट मैनीपुलेटर) कनाडा सरकार के द्वारा नासा को 108 मिलियन डॉलर की कीमत पर प्रदान किया गया। 'एस.आर.एम.एस.' की प्रथम उड़ान उसी वर्ष 12 नवंबर, 1981 को संपन्न हुई। इसके फलस्वरूप नासा ने चार अतिरिक्त 'कनाडाआर्म' का ऑर्डर प्रेषित किया गया, जिसमें कि एक चैलेंज़र शटल दुर्घटना में नष्ट हो गई।

शटल की रोबोटिक भुजा की क्षमताएँ

मूल कनाडाआर्म 1990 के मध्य में 32.5 टन (65000 पौंड) के भार को अंतरिक्ष में उठाने की क्षमता रखती थी तथा इसे बाद में पुनः डिज़ाइन करके इसकी नीतभार वहन क्षमता (अंतरिक्ष में) को 293 टन कर दिया गया। यह इसलिए भी अति आवश्यक था, क्योंकि इसको अंतरिक्ष में अंतर्राष्ट्रीय अंतरिक्ष स्टेशन के असेंबली कार्य करने थे। यद्यपि शटल की रोबोटिक भुजा अंतरिक्ष में भारी नीतभारों का वहन, उत्थापन एवं विस्थापन कर सकती थी, लेकिन वही मोटर ग्राउंड (अर्थात् पृथ्वी) में रोबोटिक भुजा का स्वयं का बोझ उठाने में असमर्थ रहती थी। इसके लिए नासा ने रोबोटिक भुजा का एक अन्य मॉडल विकसित किया जिसका प्रयोग ह्यूस्टन (टैक्सास) स्थित प्रशिक्षण सुविधा में प्रशिक्षण के लिए किया जा सके। कनाडाआर्म नीतभारों को अंतरिक्ष से निकाल सकती थी, उपग्रहों को अंतरिक्ष में प्रस्तरित कर सकती थी, स्पेस वॉक जैसी जटिल प्रक्रिया के लिए एक एक्सटेंसन लैंडर (सीढ़ी) का काम कर सकती थी तथा ऑरबिटर के बाह्य भाग की सुरक्षा

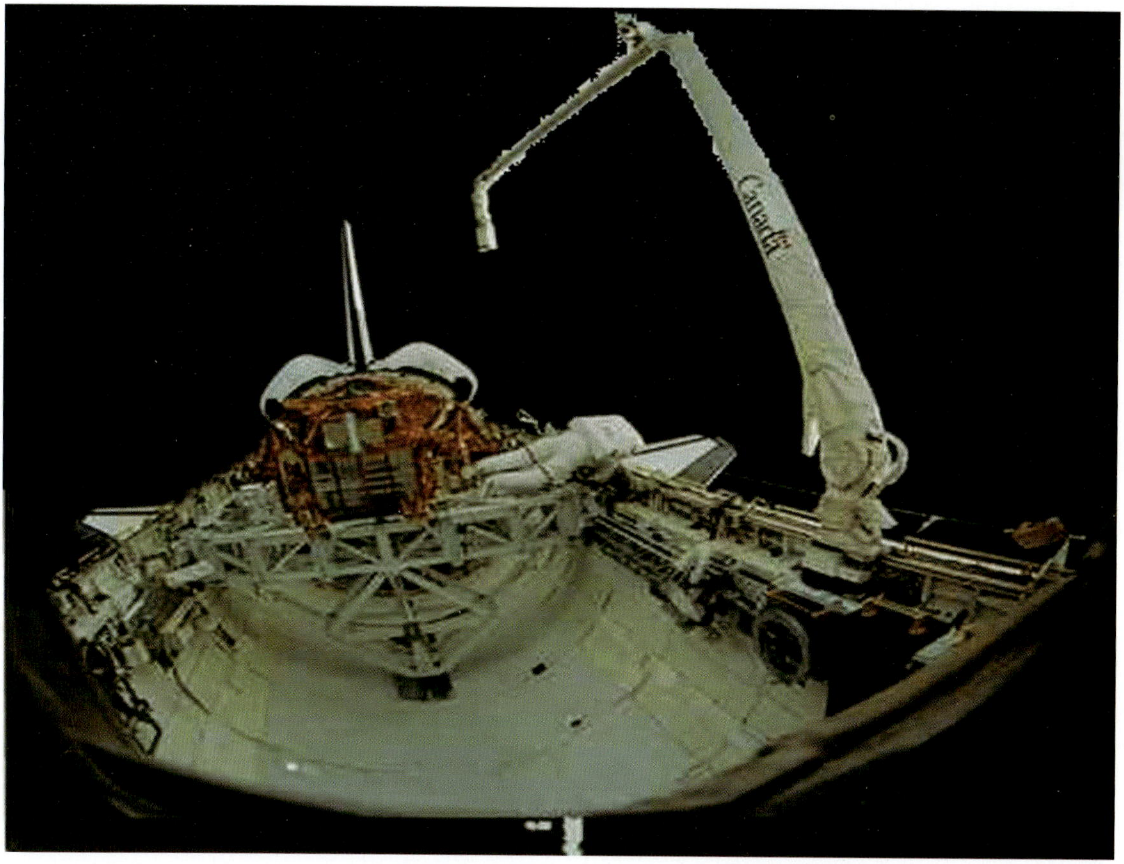

7.4 : शटल की रोबोटिक भुजा नीतभार बे से सामान उठाती हुई

के लिए जाँच टूल की भाँति भी कार्य कर सकती थी। इसके दो हल्के भार बूम सेगमंटों को ऊपरी और निचली भुजाएँ कहते थे। ऊपरी बूम शोल्डर एवं एल्बो ज्वाइंटों को कनेक्ट करता था तथा निचला बूम एल्बो और रिस्ट ज्वाइंटों को जोड़ता था।

कनाडाआर्म के मूल संरूपण में शामिल अवयव थे एक मैनीपुलेटर भुजा, कनाडाआर्म डिस्प्ले एवं नियंत्रण पैनल (जिसमें शामिल हैं रोटेशनल एवं ट्रांसलेशन हैंड नियंत्रक) तथा मैनीपुलेटर नियंत्रक इंटरफेस इकाई जो ऑरबिटर के कंप्यूटरों के बीच इंटरफेस प्रदान करती थी। अधिकांश समय रोबोट भुजा के प्रचालक वही देखते थे, जो वे एडवांस्ड स्पेस विज़न सिस्टम के स्क्रीन (नियंत्रकों के बगल में) पर देखते थे।

एक अंतरिक्ष यात्री दल का सदस्य रोबोट भुजा को एफ्ट फ्लाइट डैक कंट्रोल स्टेशन से प्रचालित करता था तथा दूसरा सदस्य प्रायः उसकी सहायता टेलीविज़न कैमरा प्रचालन से करता था। इसके कारण रोबोट

भुजा ऑपरेटर, सभी ऑपरेशन तथा सभी आवश्यक तंत्रों (जिसे उसे देखने की आवश्यकता है) पर नज़र रख सकता था। कनाडाआर्म में एक विस्फोटक आधारित अभियांत्रिकी भी होती थी, जिसका प्रयोग उस समय किया जा सकता था जब रोबोट भुजा कही फँस गई हो अथवा भुजा फेल (एक्सटेंड) नहीं हो रही हो या नीतभार के दरवाजे न बंद हो रहे हों, इत्यादि।

रोबोटिक भुजा के उपयोग

शटल की रोबोटिक भुजा का उपयोग निम्न परिस्थितियों में किया गया था –

(क) उपग्रह प्रस्तरण एवं खराब हो चुके उपग्रह को रिपेयर के लिए अंतरिक्ष कक्षा से बाहर निकालना (रिट्रीवल)।

(ख) अंतर्राष्ट्रीय अंतरिक्ष स्टेशन का असेंबली कार्य।

(ग) हब्बल अंतरिक्ष दूरबीन जैसे जटिल रिपेयर कार्य।

(घ) स्पेस वॉक करने वाले अंतरिक्ष यात्री को भुजा के आखिरी छोर तक पहुँचाना तथा स्पेस वॉक करने के लिए उसे स्कैफोल्डिंग सपोर्ट स्ट्रक्चर प्रदान करना। एक स्पेस वॉक कर रहा सदस्य कार्गो बे में अंदर के अंतरिक्ष यात्रियों की सहायता से तथा उनके सपोर्ट से गमन करता था।

(ङ) स्पेस शटल के बाह्य भाग का सर्वेक्षण एवं जाँच तथा यह कार्य एक टी.वी. कैमरे के द्वारा किया जाता था, जो इसके एल्बो अथवा रिस्ट में लगा होता था।

स्पेस शटल की रोबोटिक भुजा के कुछ तकनीकी गणक सारणी-7.1 में दिए गए हैं।

सारणी–7.1

रोबोटिक भुजा के कुछ तकनीकी गणक

1.	लंबाई	:	45 फुट
2.	व्यास	:	15 इंच
3.	भार	:	911 पौंड
4.	जोड़ों (ज्वाइंट) की संख्या	:	6 ज्वाइंट (2 शोल्डर ज्वाइंट, एक एल्बो ज्वाइंट और तीन रिस्ट ज्वाइंट)
5.	इष्टतम भार वहन क्षमता	:	266 टन (अंतरिक्ष में)
6.	भुजा के आखिरी छोर की इष्टतम गति	:	जब रोबोटिक भुजा कोई चीज़ न पकड़े हो तो उस समय इसकी गति 60 से.मी. प्रति सैकंड तथा जब यह कोई नीतभार पकड़े हो तो इसकी गति 6 से.मी. प्रति सै. होती थी।
7.	बूम का द्रव्य	:	ग्रेफाइट - इपॉक्सी कंपाउंड

रोबोटिक भुजा का विकास

एक कनाडा की कंपनी स्पॉर एयरोस्पेस लि. ने कनाडाआर्म अर्थात् शटल की रोबोट भुजा का डिज़ाइन, विकास, जाँच और निर्माण किया। स्पॉर कंपनी बाद में अप्रत्यक्ष रूप से कनाडा की एम डी 'रोबोटिक्स इन औटैरियों' कंपनी का हिस्सा बन गई। रोबोट भुजा के लिए तीन तंत्रों को विकसित किया गया तथा ये थे– एक इंजीनियरिंग मॉडल जो कनाडाआर्म के डिज़ाइन और टेस्टिंग में मदद करता था, एक क्वालीफिकेशन मॉडल जो पर्यावरणीय परिस्थितियों में टस्ट किया गया तथा एक फ्लाइट इकाई थी। प्रमुख एल्गोरिथ्म का विकास स्पॉर और उपठेकेदार डाइनाकान इनकॉर्पोरेशन (ऑफ टोरंटो) के द्वारा किया गया। मॉण्ट्रीयाल की सी.ए.ई. इलेक्ट्रॉनिक्स लि. कंपनी ने रोबोटिक भुजा के लिए डिस्प्ले एवं कंट्रोल पैनल एवं हैंड कंट्रोलर प्रदान किए। अन्य इलेक्ट्रॉनिकी इंटरफेस, सर्वो एंप्लीफायर अप्रौर पॉवर कंडीशनर का डिज़ाइन स्पॉर कंपनी की मॉण्ट्रीयाल फैक्टरी में किया गया। ग्रेफाइट कम्पोज़िट बूम, जो शोल्डर और एल्बो ज्वाइंटों के बीच ढाँचीय कनैक्शन प्रदान करता है तथा इसी प्रकार का एक अन्य बूम जो एल्बो ज्वाइंट को रिस्ट ज्वाइंट से कनैक्ट करता है, उनका निर्माण अमरीकी की डिलवर्थ स्थित कंपनी जनरल डाइनामिक्स के द्वारा किया गया। शटल का फ्लाइट सॉफ्टवेयर जो कनाडाआर्म का मॉनीटर करता है तथा इसका नियंत्रण करता है, उसका विकास ह्वूस्टन (टैक्सास) स्थित कंपनी आई.बी.एम. के फैडरल सिस्टम्स डिवीज़न के द्वारा किया गया। रॉकवेल इंटरनेशनल के स्पेस ट्रांसपोर्टेशन सिस्टम डिवीज़न ने उन तंत्रों का विकास और टैस्टिंग की जिनके द्वारा कनाडाआर्म को ऑरबिटर की नीतभार बे से संलग्न किया गया।

रोबोटिक भुजा के विभिन्न उपतंत्र

स्पेस शटल की रोबोटिक भुजा एक सुदूर संचालित एवं नियंत्रण छह डिग्री ऑफ फ्रीडम वाली नीतभार हैंडलिंग युक्ति है जिसमें निम्न उपतंत्र शामिल हैं –

(क) ज्वाइंट – रोबोट भुजा का प्रत्येक उपअसेंबली अवयव (उदाहरणार्थ शोल्डर एल्बो अथवा रिस्ट) का निर्माण एक मूल अवयव से हुआ है, जिसे ज्वाइंट वन डिग्री ऑफ फ्रीडम अथवा संक्षिप्त में 'जेओडी' कहते हैं जो साधरणतया मोटर होती है जिनमें गियर बॉक्स लगे होते हैं।

(ख) बूम – शोल्डर, एल्बो और रिस्ट ज्वाइंटों को जोड़ने वाले ऊपरी एवं लोवर भुजा बूम होते हैं। इन बूमों का निर्माण ग्रेफाइट-इपॉक्सी से किया जाता है। ऊपरी भुजा बूम लगभग पाँच मीटर (लंबाई) तथा 33 सेमी. (व्यास) होती है जिसमें ग्रेफाइट इपॉक्सी की 16 पाइलें होती हैं (प्रत्येक पाइल की मोटाई 0.013 सेमी. होती है) तथा इसका कुल भार 23 किग्रा. तक होता है। लोवर भुजा बूम लगभग 5.8 मीटर (लंबाई) तथा 33 सेमी. (व्यास) और इसका कुल भार 22.7 किग्रा. से अधिक होता है। प्रत्येक बूम की सुरक्षा केवलार पदार्थ के बंपर से की जाती है।

(ग) वायरिंग हारनेस – आर्म बूम जिस प्रकार शोल्डर, एल्बो तथा रिस्ट ज्वाइंटों को मैकेनिकल तरीके से जोड़ता है उसी प्रकार केबुल विद्‌युतीय कनैक्शन प्रदान करती है।

(घ) एंड इफक्टर – एस.आर.एम.एस. का एंड इजेक्टर अथवा मैकेनिकल भुजा के द्‌वारा रोबोटिक भुजा स्थिर अथवा मुक्त उड़नशील नीतभारों को पकड़ने के लिए बड़ा हाथ (लार्ज कैप्चर एनवेलप) प्रदान करती है तथा यह बड़ा हाथ एक सिलेंडर की भाँति होता है, जिसका व्यास 203 सेमी. तथा गहराई 10 सेमी. होती है तथा इसमें सॉफ्ट डाक्रिग की सुविधा होती है।

(ङ) बंद परिपथ टेलीविज़न – एस.आर.एम. में दो बंद परिपथ टेलीविज़न लगे होते हैं एक एल्बो ज्वाइंट पर और एक रिस्ट ज्वाइंट पर। बंद परिपथ टेलीविज़न इकाइयों का प्रयोग अंतरिक्ष यात्रियों के लिए भुजा की पोज़ीशनिंग तथा नीतभारों को पकड़ने अथवा प्रस्तरित करने में किया जाता है।

(च) एस.आर.एम. का नियंत्रण तंत्र – एस.आर.एम.एस. के घुमाने का नियंत्रण स्पेस शटल के सामान्य उद्‌देश्य कंप्यूटर (जी.पी.सी.) के द्‌वारा किया जाता है। अंतरिक्ष यात्रियों के द्‌वारा प्रयोग किए जाने वाले हैंड नियंत्रक कंप्यूटर को यह बताते हैं कि वे रोबोटिक भुजा से क्या कराना चाहते हैं। इसके अंदर निर्मित सॉफ्टवेयर को क्या कमांड दिया है तथा गणना करके कंप्यूटर यह निर्धारित करता है कि किस ज्वाइंट को घुमाना है। जब कंप्यूटर प्रत्येक ज्वाइंट को कमांड दे देता है, तो वह यह भी मानीटर करता है कि प्रत्येक 80 मिलीसैकंड में प्रत्येक ज्वाइंट क्या करता है। यह तंत्र इस बात को भी सुनिश्चित करता है कि यदि कोई गड़बड़ी होती है अथवा कोई असफलता पाई जाती है, तो यह तंत्र तुरंत सभी ज्वाइंट पर ब्रेक लगा देता है तथा अंतरिक्ष यात्रियों को असफलता का संकेत सिग्नल भेज देता है। नियंत्रण लगातार ज्वाइंट के घूमने की गति एवं दर का डिस्प्ले करता रहता है तथा ये डिस्प्ले मॉनीटर ऑरबिटर के फ्लाइट डैक में लगे होते है। अन्य नियंत्रण तंत्रों की भाँति जीपीएस को बाई पास करके प्रत्येक ज्वाइंट को अलग-अलग तरीके से प्रचालित रखने का प्रावधान भी हुआ करता था।

(छ) तापीय सुरक्षा तंत्र – शटल रिमोट मैनीपुलेटर तंत्र (एसआरएमएस) की पूरी लंबाई कई परतों वाले तापीय ब्लैंकेट इंसूलेशन से ढकी होती है जो निष्क्रिय (पैसिव) तापीय नियंत्रण प्रदान करते हैं। इस द्रव्य में बारी-बारी से गोडिज्ड कैप्टन, डैक्रोन स्क्रिम कपड़ा एवं बीटा क्लॉथ की परतें होती हैं। चरम ठंड परिस्थितियों में थर्मोस्टैटिकली नियंत्रित विद्‌युत हीटर (प्रतिरोधी अवयव) जटिल मैकेनिकल और इलैक्ट्रॉनिक हार्डवेयर के साथ संलग्न रहते हैं तथा स्थिर ऑपरेटिंग तापमान बनाए रखने के लिए उन्हें आवश्यकतानुसार पावरित किया जा सकता है।

स्पेस शटल और अंतर्राष्ट्रीय अंतरिक्ष स्टेशन की रोबोटिक भुजाओं के अंतर

जिस प्रकार स्पेस शटल में सामान को चढ़ाने और उतारने के लिए रोबोटिक भुजा लगाई गई थी, उसी प्रकार की रोबोटिक भुजा अंतर्राष्ट्रीय अंतरिक्ष स्टेशन 'अल्फा' में भी लगाई गई है, जिससे इसके बड़े-बड़े तंत्रों और उपतंत्रों को आवश्यकतानुसार एक स्थान से दूसरे स्थान को स्थानांतरित किया जा सके। शटल की रोबोटिक भुजा को कनाडाआर्म-1 तथा अंतरिक्ष स्टेशन की रोबाटिक भुजा को कनाडाआर्म-2 कहते हैं। कनाडाआर्म-1 का तकनीकी विवरण उपर्युक्त सारणी में दिया गया है। यहाँ पर कनाडाआर्म-2 का तकनीकी विवरण क्रमानुसार दिया जा रहा है।

(क)	तकनीकी नाम	:	स्पेस स्टेशन रिमोट मैनीपुलेटर सिस्टम (एसएसआरएमएस)
(ख)	प्रमोचन दिवस	:	19 अप्रैल 2001
(ग)	निर्माता	:	कनाडा की अंतरिक्ष संस्था ने अपने देश की कंपनी एमडीए से इसका निर्माण करवाया।
(घ)	भार	:	1,641 किग्रा.
(ङ)	लंबाई	:	17 मीटर
(च)	कंपोजीशन	:	इसमें उच्च क्षमता वाली कार्बन फाइबर थर्मोप्लास्टिक की 19 परतों का प्रयोग किया गया है।
(छ)	डिग्री ऑफ फ्रीडम	:	सात डिग्री की फ्रीडम। यह काफी हद तक मानव भुजा के समान है– शोल्डर (तीन जोड़), एल्बो (एक जोड़), रिस्ट (तीन जोड़)। यह अपना हाथ बिना हिलाए अपना संरूपण बदल सकती है।
(ज)	भार हैंडलिंग क्षमता	:	1,16,000 किग्रा. (2,56,000 पौंड)
(झ)	कनाडाआर्म-2 के विभिन्न भाग	:	1. स्पेस स्टेशन रिमोट मैनीपुलेटर सिस्टम (एसएसआरएमएस) 2. मोबाइल रिमोट सर्विस बेस सिस्टम (एमबीएस) 3. स्पेशियल परपज़ डेक्सटेरस मैनीपुलेटर (एसपीडीएम)

8

स्पेस शटलों का प्रमोचन एवं लैंडिंग

स्पेस शटलों के सभी मिशनों का प्रमोचन कैनेडी अंतरिक्ष केंद्र फ्लोरिडा से किया गया। प्रमोचन के दिन टी-माइनस नौ मिनट के काउंटडाउन के आखिरी होल्ड में शटल के प्रमोचन की सारी तैयारियाँ की जाती थीं तथा काउंटडाउन का स्वचालित नियंत्रण भू प्रमोचन सीक्वेंसर के द्‌वारा किया जाता था। टी-माइनस 16 सैकंड पर भारी ध्वनि संप्रेषण तंत्र (एसपीएस) मोबाइल प्रमोचन प्लैटफॉर्म (एमएलपी) और ठोस रॉकेट बूस्टर की ट्रेंचों में पानी फेंकना (ड्रेंच) प्रारंभ करता था (3,50,000 अमरीकी गैलन अथवा 1,300 घन मीटर की मात्रा) जिससे ऑरबिटर को एकाउस्टिकल ऊर्जा एवं रॉकेट निर्गम (ज्वाला ट्रेंच से परावर्तित होने वाले) की क्षति से उड़ान भरते समय बचाया जा सके।

टी-10 सैकंड पर हाइड्रोजन प्रज्वलक सक्रिय हो जाते थे। टी-6.6 सैकंड पर प्रमुख इंजन (जिनकी संख्या तीन थी) प्रारंभ किए जाते थे। ये इंजन क्रमबद्‌ध (शृंखला रूप में) शटल के सामान्य उद्‌देश्यीय कंप्यूटरों के द्‌वारा 120 मिली सैकंड के अंतराल से प्रारंभ किए जाते थे। इन कंप्यूटरों की यह भी आवश्यकता होती थी कि ये तीनों प्रमुख इंजन अपने निष्पादन के 90 प्रतिशत स्तर तक पहुँच जाएँ जिससे लिफ्ट ऑफ प्रचालन प्रारंभ किया जाए। जब ये इंजन प्रारंभ किए जाते थे तो ध्वनि संप्रेषण तंत्र से पानी वाष्प के विशाल आयतन पर फेंका जाता था। तीनों प्रमुख इंजनों को तीन सैकंड के अंदर 100 प्रतिशत प्रणोद स्तर पर पहुँचना आवश्यक होता था, नहीं तो ऑन-बोर्ड कंप्यूटर स्थगन का सिगनल दे देता था। यदि ऑन बोर्ड कंप्यूटर सामान्य प्रणोद बिल्ड अप दर्शाते थे (टी-माइनस शून्य सैकंड पर) तो स्पेस शटल व्हीकल को होल्ड करने वाले आठ पाइरोटेक्निक नट (पैड के साथ) खुल जाते थे तथा ठोस रॉकेट बूस्टर प्रज्वलित हो जाते थे। इस बिंदु पर व्हीकल का लिफ्ट ऑफ प्रारंभ हो जाता था तथा ठोस रॉकेट बूस्टरों का प्रज्वलन एक बार प्रारंभ हो जाने के बाद यह तब तक बंद नहीं होता था, जब तक कि इनका सारा ईंधन समाप्त नहीं हो जाता था। टी़70 सैकंड में प्रमुख इंजनों का प्रणोद 104 प्रतिशत प्रणोद स्तर तक पहुँच जाता था। टी़126 सैकंड (प्रमोचन के बाद) के समय विस्फोटक बोल्ट ठोस रॉकेट बूस्टरों को रिलीज कर देते थे। फिर ठोस रॉकेट बूस्टर पैराशूट के माध्यम से समुद्र में गिर जाते थे।

ठोस रॉकेट बूस्टरों के गिरने के बाद प्रमुख इंजनों के माध्यम से शटल अंतरिक्ष की कक्षा की ओर बढ़ती थी। उस बिंदु पर उड़ान का प्रणोद और भार का अनुपात एक से कम हो जाता था तथा इस समय प्रमुख

8.1 : प्रमोचन के लिए स्पेस शटल प्रमोचन पैड पर तैयार

इंजनों का प्रणोद इतना कम हो जाता था कि वह गुरुत्व बल से अधिक नहीं हो सकता था। इस समय ठोस रॉकेट बूस्टरों के द्वारा प्रदान ऊर्ध्वाधर गति अस्थायी रूप से थोड़ी देर के लिए कम हो जाती थी, लेकिन जैसे-जैसे प्रज्वलन चालू रहता था, वैसे-वैसे नोदक का भार कम होता जाता था और इससे प्रणोद और भार का अनुपात एक से अधिक हो जाता था। स्पेस शटल और हल्की हो जाती थी तथा अंतरिक्ष कक्षा की ओर तेज़ी से बढ़ती थी।

स्पेस शटल के तीन प्रमुख इंजन जो शटल ऑरबिटर के पीछे के भाग में लगे होते थे उनका प्रज्वलन शटल के पृथ्वी से उठने के 8) मिनट तक चलता रहता था तथा इस दौरान पाँच लाख गैलन द्रव नोदक विशालकाय बाह्य टैंक (जिसका रंग नारंगी होता है) से निकलकर तीनों प्रमुख इंजनों को चलायमान रखता था। प्रमुख इंजन द्रव हाइड्रोजन ईंधन के रूप में प्रयोग करते थे, जो पृथ्वी में उपलब्ध दूसरे नंबर का सबसे ठंडा (-252.7 डिग्री सेंटीग्रेड पर अथवा -423 डिग्री फारेनहाइट पर) द्रव होता है। चूँकि हाइड्रोजन और ऑक्सीजन मिलकर 3,315.6 डिग्री सेल्सियस (6,000 डिग्री फारेनहाइट) जैसा उच्च तापमान प्रदान करते हैं जो कि लोहे के क्वथनांक (ब्वायलिंग प्वांइट) से अधिक होता था। इसलिए तीनों प्रमुख इंजन काफी विशाल तापमान पर काम करते थे।

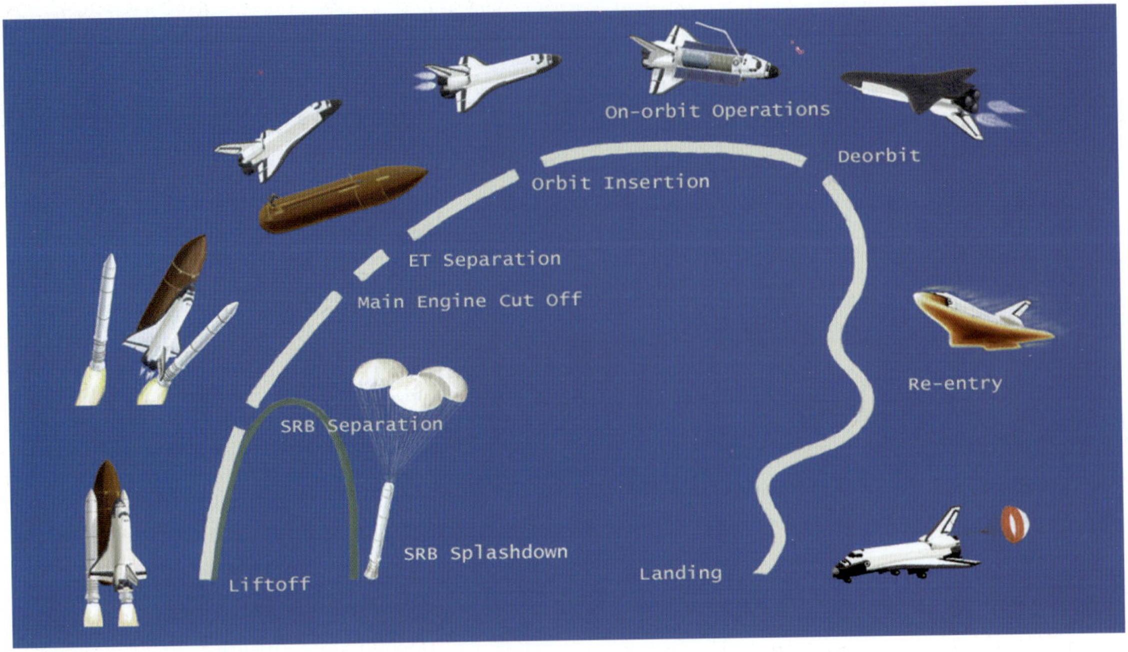

8.2 : शटल प्रमोचन के विभिन्न चरण

इंजनों का निर्गम (एक्जॉस्ट) प्रमुखतया जलवाष्प होता था, क्योंकि हाइड्रोजन और ऑक्सीजन का संयुक्तीकरण होता था। जैसे-जैसे शटल अंतरिक्ष की कक्षा की ओर बढ़ती थी, वैसे-वैसे इंजन द्रव ईंधन का प्रयोग इतनी तेज़ी से करते थे कि इस गति से एक सामान्य आकार का स्विमिंग पूल प्रत्येक 25 सैकंड में खाली किया जा सकता था और 370 लाख हॉर्सपावर की ऊर्जा का जनन किया जा सकता था। प्रमोचन के 8 मिनट के बाद तथा शटल की आठ कि.मी. प्रति सैकंड की गति के साथ तीनों प्रमुख इंजन बंद हो जाते थे (जब वे ईंधन की आखिरी बूँद का प्रयोग करते थे)। इंजन के बंद होने के बाद बाहूय टैंक स्पेस शटल से अलग होकर गिर जाता था। बाहूय टैंक शटल का केवल वही अकेला भाग होता था, जो पुनः प्रयोज्यीय नहीं होता था। यह टैंक, स्पेस शटल से अलग होकर प्रशांत महासागर के ऊपर जलकर गिर जाता था। शटल ऑरबिटर केवल वह अवयव होता था, जो पृथ्वी की परिक्रमा करता था तथा इसका भार 1,17,934 किग्रा. (2,60,000 पौंड) होता था। शटल अपनी 8) मिनट की अंतरिक्ष यात्रा के दौरान 15.9 लाख किग्रा. (35 लाख पौंड) का ईंधन प्रयोग कर लेता था।

स्पेस शटल का कक्षीय प्रचालन

प्रमुख इंजनों के बंद होने के बाद स्पेस शटल अंडाकार कक्षा में पहुँच जाता था। प्रमुख इंजनों के बंद होने के 35 मिनट के बाद जब शटल अंडाकार कक्षा के उच्चतम बिंदु पर पहुँच जाता था, तो उस समय शटल

के दो कक्षीय मनूवरिंग तंत्र के इंजन जो शटल के पिछले हिस्से में दाहिनी ओर लगे होते थे, उनका प्रज्वलन लगभग तीन मिनट के लिए किया जाता था। कक्षीय मनूवर तंत्र इंजन दो नोदकों का प्रयोग करते थे जिनका प्रज्वलन स्वचालन रूप से होता था तथा तीन मिनट का प्रज्वलन शटल कक्षा को वृत्तीय बना देता था।

8.3 : स्पेस शटल प्रमोचित हो गई

शटल केवल अकेला अंतरिक्ष यान था, जो अंतरिक्ष की कक्षा से विशालकाय उपग्रहों को निकालकर ला सकता था तथा निकालने के बाद उपग्रहों को वापस पृथ्वी पर ला सकता था। कनाडा में निर्मित रोबोटिक भुजा (जिसे रिमोट मैनीपुलेटर तंत्र कहते थे तथा जो कार्गो बे के बाएँ छोर पर माउंट रहती थी) विशाल भार वाली चीज़ें कार्बो बे से मूव कर सकती थीं तथा उन्हें वापस कार्गो बे में ला भी सकती थीं। यह कनाडा भुजा स्पेस वॉक करने वाले अंतरिक्ष यात्रियों को मनूवर करके उपग्रह रिपेयर और मेंटीनेन्स करने वाली स्थिति में पहुँचाती थी तथा इस प्रकार के कार्य हब्बल अंतरिक्ष दूरबीन अथवा अंतरिक्ष में निर्माण कार्यों के दौरान संपन्न किए जा चुके हैं जैसा कि अंतर्राष्ट्रीय अंतरिक्ष स्टेशन अल्फा के असेंबली कार्यों में किया गया है।

स्पेस शटल के अंतरिक्ष यात्री दल की इष्टतम संख्या आठ रही है। लेकिन उनकी औसत संख्या पाँच से सात होती थी। अंतरिक्ष यात्री दल में एक कमांडर, एक पायलट होता था; जो शटल को फ्लाई करते थे। इनके अलावा शटल अंतरिक्ष यात्री दल में मिशन विशेषज्ञ अंतरिक्ष यात्री होते थे; जो वैज्ञानिक एवं इंजीनियर हुआ करते थे तथा ये लोग वहाँ पर विभिन्न परीक्षण करते थे अथवा अंतरिक्ष की कक्षा में विशिष्ट प्रकार के कार्य करते थे। कभी-कभी अंतरिक्ष यात्री दल में नीतभार विशेषज्ञ अंतरिक्ष यात्री भी होते थे; जो विशिष्ट कार्गो के प्रचालन के लिए उत्तरदायी हुआ करते थे। स्पेस शटल 28,803 किग्रा. का कार्गो अंतरिक्ष की कक्षा में पहुँचाने की क्षमता रखता था। यह अंतरिक्ष कक्षा में इष्टतम 15 दिनों तक रहा था।

स्पेस शटल में भोजन, शयन एवं व्यक्तिगत सफाई के उपकरण इसके लोवर डैक (जिसे मिड डैक कहते थे) में होते थे। डैक का ऊपरी भाग (जिसे फ्लाई डैक कहते थे) शटल का कॉकपिट कहलाता था। शटल के उड़ान नियंत्रण उपकरण सामने और पीछे वाली दीवारों में लगे होते थे। लघु आकार की लोअर डैक (जिसे

8.4 : स्पेस शटल के प्रमोचन का लिया गया विशिष्ट फोटो (14 मई, 2010 को लिया गया शटल अटलांटीस का फोटो)

उपकरण बे कहते थे) पहुँच से बाहर रहती थी तथा इस तक पहुँचने के लिए मध्य डैक के सतही पैनलों को उठाना पड़ता था। इस सतह के नीचे के क्षेत्रफल में वैमानिकी एवं इलेट्रॉनिकी उपकरण तथा एक ट्रेश कंपार्टमेंट लगे होते थे। अंतरिक्ष यात्रियों के लिए कुल दाबयुक्त आयतन 74.3 घन मीटर (2,625 घन फुट) था। केबिन में शामिल अवयव थे–गोलाकार साइड हैच जिसका व्यास तीन मीटर था तथा इसका प्रयोग लैंडिंग और प्रमोचन के पहले प्रवेश करने के लिए तथा बाहर निकलने के लिए (स्पेस शटल से) प्रयोग किया जाता था।

लैंडिंग

जब स्पेस शटल को अंतरिक्ष से पृथ्वी पर वापस लाना होता था तो इस की पूँछ को इस तरह रोटेट किया जाता था कि जिससे इसकी उड़ान की दिशा को इस प्रकार बदला जाए जिससे कक्षीय मनूवरिंग तंत्र के इंजनों का प्रज्वलन किया जा सके। इस विशिष्ट प्रज्वलन को 'डीआरबिट वर्न' कहते थे। इंजनों का प्रज्वलन (प्रायः तीन मिनट लंबा होता था) स्पेस शटल की गति को सैंकड़ों मील प्रति घंटे कम कर देता था। इससे इस लक्ष्य की प्राप्ति होती थी कि यह पृथ्वी के वायुमंडल की ओर नीचे उतरना प्रारंभ करता था। इंजनों का प्रज्वलन प्रायः भारतीय समुद्र के ऊपर किया जाता था जिससे यह कैनेडी अंतरिक्ष केंद्र में लैंड कर सके। इंजन फायरिंग के पश्चात् 25 मिनट का समय होता था, जिस दौरान शटल पृथ्वी के वायुमंडल के प्रभाव में (प्रायः 129 कि.मी. की ऊँचाई पर और लैंडिंग स्थल से 8.047 कि.मी. से अधिक दूरी पर) आता था। ऊपरी वायुमंडल में पहुँचने के पहले शटल अपना दिक्विन्यास (ओरिएंटेशन) ठीक करता था तथा इस दौरान इसकी नोज़ क्षैतिज से 40 डिग्री का कोण बनाती थी तथा इसके पंख (विंग्स) उस दिक्विन्यास स्तर पर आ जाते थे, जो काले रंग की तापीय टाइलों को अनिच्छित ताप को सहन करने के लिए आगे कर देते थे। इस समय ताप की यह सीमा 1,648.9 डिग्री सेल्सियस (3,000 डिग्री फारेनहाइट) जैसी उच्च होती थी। शटल जब वायुमंडल के बीच से नीचे उतरता था, तो इसके दिक्विन्यास का नियंत्रण करने के लिए ऐफ्ट स्टीयरिंग जेटों का प्रयोग किया जाता था। इसके साथ ही साथ शटल जैसे-जैसे नीचे उतरना प्रारंभ करता था, वैसे-वैसे यह एक ट्रांजीशन के दौर से गुजरते हुए एक

8.5 : प्रमोचन का एक और दृश्य

अंतरिक्ष यान से एक वायुयान में परिवर्तित हो जाता था। वायुदाब के जनित होने से इसके विंग फ्लैप धीरे-धीरे सक्रिय हो जाते थे। जैसे-जैसे शटल लैंडिंग साइट की ओर बढ़ता था, यह नेविगेशन की अनेक युक्तियों का प्रयोग करता था। इनमें पहला रेडियो बीकन (अथवा टैकन) होता था तथा जो तब अभिग्रहित किया जाता था, जब शटल लैंडिंग स्थल से 225 कि.मी. दूर होता था तथा पृथ्वी से इसकी ऊँचाई 45,720 मीटर होती थी। टैकन शटल को रन वे की ओर अग्रसर होने के लिए अपडेटेड सूचना प्रदान करता था ।

शटल इस दौरान लैंडिंग साइट की ओर बढ़ता था तथा इसकी गति ध्वनि की गति की तीन गुना से भी कम (मैच तीन) हो जाती थी। सामान्य एंट्री और लैंडिंग के लिए शटल के उड़ान कंप्यूटर, शटल के स्पर्श बिंदु (टच डाउन) से 40 कि.मी. दूरी तक अंतरिक्ष यान का नियंत्रण रखते थे। उस समय शटल की गति ध्वनि की गति से भी कम हो जाती थी तथा इस समय पृथ्वी से इसकी ऊँचाई 15,240 मीटर हो जाती थी और शटल का कमांडर शटल के अप्रोच और लैंडिंग का मैनुअल नियंत्रण अपने हाथ में ले लेता था। विशिष्ट प्रकार की युक्ति (जिसे 'माइक्रोवेव स्कैनिंग बीम लैंडिंग' तंत्र कहते थे तथा जो शटल की लैंडिंग साइटों पर लगे होते थे) का प्रयोग करके कमांडर सामान्यतया शटल को एक काल्पनिक सिलेंडर के इर्द-गिर्द घुमाता हुआ (जो कभी-कभी 6.4 कि.मी. का पूर्ण वृत्त बना देता था) इसे रन वे के साथ संरेखित करता था। इस प्रक्रिया के

8.6 : अंतरिक्ष की कक्षा में स्पेस शटल अल्फा अंतरिक्ष स्टेशन से जुड़ी हुई अवस्था में

दौरान शटल की पृथ्वी से ऊँचाई 15,240 मीटर से 3,048 मीटर हो जाती थी। जब शटल अपने को रन वे के साथ एलाइन कर लेता था, तो उसके बाद यह तीव्र गति से उतरता था और उस समय इसकी नोज़ क्षैतिज से 19 डिग्री का कोण बनाती थी। आखिरी अप्रोच के समय शटल रन वे पर एक सामान्य वायुयान की तुलना में 20 गुना अधिक गति से दौड़ता था तथा उतरने की गति और एयर स्पीड बढ़ती जाती थी। जब यह ज़मीन से 610 मीटर से भी कम ऊँचाई पर होता था, तो कमांडर नोज़ को खींचता था तथा उतरने की गति कम करके स्पर्श (टच डाउन) की तैयारी करता था।

इस क्षण पायलट लैंडिंग गियर को डिप्लॉय करता था। जैसे ही शटल का प्रमुख लैंडिंग गियर ज़मीन का स्पर्श करता था, तब इस की गति आठ किमी प्रति घंटे की गति से कम होती जाती थी। उस समय इसकी फॉरवर्ड गति लगभग 354 कि.मी. प्रति घंटा होती थी। स्पर्श होने के बाद पायलट एक ड्रैग गुब्बारा डिप्लॉय करता था (शटल की पूँछ के नीचे से) इसके बाद शटल के पहिये विराम अवस्था में आ जाते थे।

8.7 : शटल रूसी अंतरिक्ष स्टेशन मीर से भी अंतरिक्ष में जुड़ी थी।

शटल की लैंडिंग साइटें

अमरीका में स्पेस के तीन लैंडिंग स्थल हैं। प्रत्येक स्थल की लंबाई काफी ज़्यादा है, जिससे शटल को उतरते समय धीमा करने में कोई परेशनी न हो। शटल की प्रमुख लैंडिंग साइट कैनेडी अंतरिक्ष केंद्र में थी, जो विशेष रूप से शटल लैंडिंग के लिए ही बनाई गई थी। स्पेस शटल की कुछ लैंडिंग कैलीफोर्निया के एडवार्ड वायु सेना बेस में भी हुई थी तथा एक लैंडिंग न्यूमैक्सिको के ह्वाइट सैंड्स स्पेस हार्बर में हुई थी। प्रमोचन स्थान की स्थिति से निपटने के लिए आपतकालीन ट्रांस अटलांटीस स्थलों का भी प्रावधान रखा

8.8 : स्पेस शटल की लैंडिंग हो रही है।

गया था। लेकिन वर्ष 1991 से कोई भी स्पेस शटल ड्राई लेक बेड रन वे पर लैंड नहीं की। इसके अतिरिक्त ट्रांस ओसेनिक स्थगन (एबोर्ट) लैंडिंग (टीएएल) स्थिति से निपटने के लिए अंतर्राष्ट्रीय लैंडिंग स्थलों का भी प्रावधान रखा गया था और अन्य साइटें भी (अमरीका और कनाडा में) पूर्वी छोर स्थगन लैंडिंग परिस्थिति के लिए उपलब्ध रहती थी।

कैनेडी अंतरिक्ष केंद्र

फ्लोरिडा स्थित स्पेस शटल की लैंडिंग सुविधा में 15,000 फुट (4,600 मीटर) लंबा कंक्रीट निर्मित रन वे है। इसका नाम रन वे 15 या 23 था (जो कि इसके उपयोग के अनुसार बदला करता था)। यहाँ पर प्रथम शटल लैंडिंग 1984 के वर्ष में शटल मिशन एसटीएस-41 बी की हुई तथा यह 1985 तक (शटल अभियान एसटीएस-51डी) जारी रही। कुछ दिन तक यहाँ स्पेस शटल की लैंडिंग स्थागित रही तथा 1990 से लैंडिंग पुनः प्रारंभ हुई।

एडवार्ड वासुसेना बेस

एडवार्ड एयरफोर्स बेस कैलोफोर्निया में स्थित है तथा प्रथम शटल लैंडिंग यहीं पर हुई थी तथा बाद में यह प्राइम लैंडिंग साइट के लिए बैक अप साइट बन गई। यहाँ पर रोजर्स ड्राई लेक की तलहटी में अनेक रन वे बनाए गए हैं। इसके अलावा कंक्रीट रन वे भी बनाए गए थे।

8.9 : शटल की लैंडिंग के बाद अंतरिक्ष यात्री बाहर निकलते हुए

ह्वाइट सैंड्स

न्यू मैकिस्को की ह्वाइट सैंड्स टैस्ट सुविधा की ह्वाइट सैंड्स स्पेस हार्बर स्पेस शटल की आपातकालीन लैंडिंग साइट थी तथा एडवाड्र्स एयरफोर्स बेस एवं कैनेडी अंतरिक्ष केंद्र की लैंडिंग साइटों के लिए बैक अप लैंडिंग साइट थी। यहाँ पर 35,000 फुट एवं 12,800 फुट के दो रन वे ड्राई लेक बेड के ऊपर लैंडिंग के लिए उपलब्ध थे।

ट्रांस ओसेनिक स्थगन (एबोर्ट) लैंडिंग साइटें

प्रमोचन के दौरान किसी स्थगन परिस्थिति से निपटने के लिए नासा ने अनेक अंतर्राष्ट्रीय लोकेशनों का प्रावधान कर रखा था जिससे उनका प्रयोग ट्रांस ओसेनिक स्थगन लैंडिंग के लिए किया जा सके। इनमें

8.10 : स्पेस शटल मिशन की आखिरी (मिशन एस.टी.एस. -135) लैंडिंग

शामिल साइटें थीं–टेरसीरा उपद्वीप का लैजेस एयरबेस (पुर्तगाल के एज़ोरेस स्थान पर), स्पेन का ज़रागोज़ा एयरबेस एवं मोरोन एयरबेस तथा फ्रांस का आइस्ट्रेस एयरबेस। इन सभी साइटों में पर्याप्त लंबाई वाले रन वे थे, जिससे स्पेस शटल की लैंडिंग को सपोर्ट प्रदान किया जा सके। यहाँ पर नासा का स्टाफ एवं उपकरण, शटल की लैंडिंग सपोर्ट के लिए उपलब्ध रहते थे।

वैंडेनबर्ग एयरफोर्स बेस

कैलीफोर्निया के वैंडेनबर्ग एयरफोर्स बेस से प्रमोचित किए जाने वाले स्पेस शटल मिशनों का नियोजन इस तरह किया जाता था कि जिससे उनकी लैंडिंग साइट के रन वे 12/30 पर हों। इसके लिए रन वे को लंबा बनाया गया था, जिससे कि यह शटल लैंडिंग को सपोर्ट प्रदान कर सके। वैंडेनबर्ग एयरफोर्स बेस से प्रथम लैंडिंग का नियोजन एसटीएस-62 ए मिशन के लिए किया गया था (जुलाई 1986 के लिए) लेकिन स्पेस शटल चैलेंज़र की दुर्घटना (मिशन एसटीएस-51 एल) के कारण यह स्थगित कर दिया गया था। इस प्रकार इस साइट में शटल की कोई लैंडिंग नहीं हुई।

9

स्पेस शटल का तीस वर्ष तीन महीने का सफरनामा

तीस वर्ष, तीन महीने के लंबे अंतराल में स्पेस शटल की 135 उड़ानें संपन्न हुईं, जिनमें दो शटल, चैलेंज़र एवं कोलंबिया (1986 में स्पेस शटल चैलेंज़र तथा 2003 में स्पेस शटल कोलंबिया) दुर्घटनाग्रस्त होकर नष्ट हो गए। इस तरह स्पेस शटल की विश्वसनीयता निष्पादन की दृष्टि से 98.6 प्रतिशत रही।

स्पेस शटल की प्रारंभिक पाँच लगातार उड़ानें शटल चैलेंज़र के द्वारा संपन्न हुईं तथा उसके बाद तीन लगातार उड़ानें भी स्पेस शटल चैलेंज़र के द्वारा संपन्न हुईं। वर्ष 1981 में शटल की दो उड़ानें संपन्न हुईं। प्रथम उड़ान के कमांडर विश्व के सबसे अनुभवी अंतरिक्ष यात्री जॉन यंग थे। वर्ष 1981 की दूसरी उड़ान के दौरान इसकी रोबोटिक भुजा की जाँच की गई। वर्ष 1982 के दौरान शटल की तीन उड़ानें संपन्न हुईं, जिनमें अनेक अनुसंधान कार्य संपन्न हुए। वर्ष 1983 में चार उड़ानों के द्वारा 'टी.डी.आर.एस.' उपग्रह, प्रथम अमरीका महिला सैली राइड, प्रथम अश्वेत अंतरिक्ष यात्री गुइन ब्लूफोर्ड, तथा प्रथम स्पेस लैब मिशन अंतरिक्ष में भेजा गया। वर्ष 1983 में ही स्पेस शटल के द्वारा प्रथम स्पेस वॉक संपन्न हुई। वर्ष 1984 में शटल की पाँच उड़ानें संपन्न हुईं। इस वर्ष अंतरिक्ष में ठीक से काम न कर रहे दो उपग्रहों को कक्षा से निकालकर उन्हें वापस पृथ्वी पर ले जाया गया तथा बाद में फिर उन्हें डिप्लाय किया गया। इसी वर्ष एक उड़ान के द्वारा पहली बार दो महिलाएँ अंतरिक्ष में गईं। 1985 में स्पेस शटल की नौ उड़ानें संपन्न हुईं तथा इनके द्वारा अमरीका का प्रथम सिटिंग राजनीतिक जेक गार्न, सउदी के प्रिंस सलमान अल सौद, अनेक उपग्रह, प्रथम न्यू मैक्सिकन वासी रोडाल्फो नेरी अंतरिक्ष में गए तथा इसी वर्ष स्पेस शटल अटलांटीस की प्रथम उड़ान संपन्न हुई। वर्ष 1986 का वर्ष शटल उड़ानों के लिए अच्छा नहीं रहा। इस वर्ष दो उड़ानें हुईं–शटल कोलंबिया तथा शटल चैलेंज़र की तथा चैलेंज़र की उड़ान (28 जनवरी 1986 को) दुर्घटनाग्रस्त हो गई, और इसके सभी अंतरिक्ष यात्री मृत्यु को प्राप्त हुए। चैलेंज़र की इस उड़ान में 'टीचर इन स्पेस' कार्यक्रम की उम्मीदवार क्रिस्टा मैकाफी की भी मृत्यु हो गई। चैलेंज़र दुर्घटना के बाद शटल उड़ानें अगस्त 1988 तक बंद रही।

चैलेंज़र दुर्घटना के बाद प्रथम शटल उड़ान 1988 में हुई। वर्ष 1988 में दो उड़ानें हुईं तथा कुछ उपग्रह अंतरिक्ष में भेजे गए, वर्ष 1989 में पाँच शटल उड़ानें संपन्न हुईं तथा इनके द्वारा मैगेलन वेनस (शुक्र ग्रह) प्रोब, गैलीलियो प्रोब अंतरिक्ष में भेजे गए। वर्ष 1990 की छह उड़ानों के द्वारा सिंकम IV एफ उपग्रह, हब्बल अंतरिक्ष दूरबीन, उलायसेस प्रोब, ऑस्ट्रो-1 प्रेक्षणशाला, अंतरिक्ष में प्रमोचित किए गए।

वर्ष 1991 में भी स्पेस शटल की छह उड़ानें संपन्न हुईं। इन उड़ानों से नासा के महान अंतरिक्ष प्रेक्षणशाला कार्यक्रम की प्रथम कड़ी कॉम्पटन गामा किरण प्रेक्षणशाला, स्पेसलैब मिशन, टीडीआरएस उपग्रह, उपरिवायुमंडल अनुसंधान उपग्रह और डीएसपी उपग्रह प्रमोचित किए गए। वर्ष 1992 की आठ शटल उड़ानों के द्वारा इंटलसैट-VI उपग्रह का रिपेयर किया गया तथा अटलस-1 विज्ञान प्लैटफॉर्म स्पेसलैब मिशन, टीथर्ड उपग्रह तंत्र एवं अन्य कुछ उपग्रह प्रमोचित किए गए। 1993 में शटल की सात उड़ानें संपन्न हुईं तथा इनके द्वारा विभिन्न नीतभार और उपग्रह–टीडीआरएस, अटलस-2, स्पेस लैब-डी, स्पेस हैब, 'ऐक्टस' उपग्रह, स्पेसलैब मिशन प्रमोचित किए गए। इसी वर्ष हब्बल अंतरिक्ष दूरबीन का अंतरिक्ष में प्रथम रिपेयर कार्य किया गया था। वर्ष 1994 में भी शटल की सात उड़ानें संपन्न हुईं तथा इनके द्वारा 'स्पेसहैब', वेक शील्ड सुविधा, सुक्ष्म गुरुत्व परीक्षण 'स्पॉर्टन' स्पेस रेडार प्रयोगशाला-2, अटलस-4 प्लैटफॉर्म अंतरिक्ष में पहुँचाए गए।

वर्ष 1995 की शटल उड़ानों की संख्या भी सात थी तथा यह शटल के लिए इस दृष्टि से महत्त्वपूर्ण था कि शटल प्रथम बार रूसी मीर अंतरिक्ष स्टेशन के समीप से गुजरा तथा इसी वर्ष शटल मीर स्टेशन से जुड़ा भी। हब्बल अंतरिक्ष दूरबीन का दूसरा रिपेयर मिशन 1997 में पूरा हुआ। वर्ष 1997 में स्पेस शटल की आठ उड़ानें संपन्न हुईं तथा हब्बल रिपेयर के अलावा इस वर्ष शटल तीन बार मीर अंतरिक्ष स्टेशन से जुड़ा।

वर्ष 1998 में शटल की पाँच उड़ानें संपन्न हुईं तथा इस वर्ष से ही (एसटीएस-88 उड़ान से प्रारंभ होकर) शटल ने अंतर्राष्ट्रीय अंतरिक्ष स्टेशन के असेंबली कार्यों में सहयोग देना प्रारंभ किया। इस वर्ष आखिरी शटल-मीर स्टेशन जुड़न क्रिया (जो आखिरी और नौवीं थी) संपन्न हुई, तथा अंतर्राष्ट्रीय अंतरिक्ष स्टेशन अल्फा की असेंबली की प्रथम उड़ान (एस.टी.एस.-88) संपन्न हुई। इसी वर्ष 29 अक्तूबर को अंतरिक्ष में दूसरी बार जाने वाले जॉन ग्लेन विश्व के सबसे वयोवृद्ध अंतरिक्ष यात्री बने। वर्ष 1999 में स्पेस शटल की तीन उड़ानों में एक उड़ान अंतरिक्ष स्टेशन असेंबली उड़ान, एक चंद्रा एक्स किरण प्रेक्षणशाला के प्रमोचन के लिए थी तथा एक उड़ान हब्बल अंतरिक्ष दूरबीन के तृतीय रिपेयर मिशन के लिए थी।

वर्ष 2000 की शटल की उड़ानों में चार उड़ानें अंतरिक्ष स्टेशन 'अल्फा' की असेंबली के लिए तथा एक उड़ान शटल-रेडार टोपोग्राफी मिशन के लिए थी। वर्ष 2001 में शटल की छह उड़ानों में सभी उड़ानें अंतरिक्ष स्टेशन अल्फा की असेंबली कार्यों के लिए थीं। स्पेस शटल की पाँच उड़ानों (वर्ष 2002) में अल्फा स्टेशन असेंबली कार्यों के लिए चार उड़ानें थीं तथा एक उड़ान हब्बल अंतरिक्ष दूरबीन के रिपेयर मिशन के लिए थी।

वर्ष 2003, स्पेस शटल के लिए पुनः अशुभ वर्ष था। इस वर्ष एक ही उड़ान एस.टी.एस.-107 संपन्न हुई; जिसमें भारतीय मूल की कल्पना चावला के साथ छह अन्य अंतरिक्ष यात्री थे। यह उड़ान वापसी के समय दुर्घटनाग्रस्त हो गई। स्पेस शटल कोलंबिया की दुर्घटना (एस.टी.एस.-107 मिशन) के बाद शटल

की अगली उड़ान 26 जुलाई, 2005 को हुई तथा 2005 की यह अकेली उड़ान अल्फा अंतरिक्ष स्टेशन के लिए थी।

वर्ष 2006 की तीन शटल उड़ानें, वर्ष 2007 की तीन उड़ानें तथा वर्ष 2008 की चार उड़ानें अंतर्राष्ट्रीय अंतरिक्ष स्टेशन अल्फा की असेंबली के लिए थीं। वर्ष 2009 में स्पेस शटल की पाँच उड़ानें संपन्न हुई, जिनमें चार उड़ानें अल्फा स्टेशन की असेंबली के लिए थीं तथा एक उड़ान (एस.टी.एस.-125) के द्‌वारा हब्बल अंतरिक्ष दूरबीन का आखिरी रिपेयर कार्य पूरा किया गया। वर्ष 2010 में संपन्न शटल की तीन उड़ानों में सभी स्टेशन की असेंबली के लिए थीं। वर्ष 2011 में शटल की तीन उड़ानें एस.टी. एस.-133, एस.टी.एस.-134 तथा आखिरी शटल उड़ान एस.टी.एस.-135 संपन्न हुईं। शटल उड़ानों का सांख्यिकीय विवरण सारणी-9.1 में दिया गया है। स्पेस शटल की सभी 135 उड़ानों का विवरण सारणी-9.2 में दिया गया है।

सारणी–9.1

स्पेस शटल की अंतरिक्ष उड़ानों के सांख्यिकीय आँकड़े

स्पेस शटल का नाम	संपन्न उड़ानें	कुल उड़ान अवधि या अंतरिक्ष प्रवास (दिन)	पृथ्वी की पूरी की गई परिक्रमाएँ	प्रथम उड़ान विवरण		आखिरी उड़ान विवरण		कितनी बार मीर अंतरिक्ष स्टेशन/ अंतर्राष्ट्रीय अंतरिक्ष स्टेशन से जुड़ा
				उड़ान का नाम	उड़ान तिथि	उड़ान का नाम	उड़ान तिथि	
1. कोलंबिया*	28	300 दिन, 17 घं., 46 मि.	4,808	एसटीएस-1	12 4/81	एसटीएस-107	16 1/03	0/0
2. चैलेंज़र*	10	62 दिन, 7 घं., 56 मि.	995	एसटीएस-61	4 4/83	एसटीएस-51 एल	16 1/86	0/0
3. डिस्कवरी**	39	364 दिन, 22 घं., 39 मि.	5,830	एसटीएस-41 डी	30 8/84	एसटीएस-133	24 2/11	1/13
4. अटलांटीस**	33	306 दिन, 14 घं., 12 मि.	4,848	एसटीएस-51 जे	3 10/85	एसटीएस-135	8 7/11	1/12
5. एंड्यौर**	25	296 दिन, 2 घं., 18 मि.	46,778	एसटीएस-49	7 5/92	एसटीएस-134	16 5/11	1/12
कुल योग	**135**	**1,330 दिन, 18 घं., 9 मि.**	**21,158**					**9/37**

*दुर्घटनाग्रस्त होकर नष्ट हो गया

**रिटायर्ड

सारणी–9.2

सभी शटल उड़ानों का विवरण

क्र.सं.	प्रमोचन तिथि		मिशन का नाम	शटल का नाम	अंतरिक्ष यात्रियों की संख्या	मिशन अवधि		लैंडिंग स्थल	टिप्पणी
	तिथि	वर्ष				दि.	घं.		
1.	12 अप्रैल	1981	एसटीएस-1	कोलंबिया	2	02	06	एडवार्डस्	पुनः प्रयोज्यीय अंतरिक्ष यान की प्रथम उड़ान, शटल कोलंबिया की प्रथम उड़ान
2.	12 नवंबर	1981	एसटीएस-2	कोलंबिया	2	02	06	एडवार्डस्	मानवयुक्त अंतरिक्ष यान का प्रथम रीयूज, शटल की रोबोटिक भुजा की प्रथम टैस्टिंग
3.	22 मार्च	1982	एसटीएस-3	कोलंबिया	2	08	00	ह्वाइटसैंड्स	शटल की आर एंड डी उड़ान
4.	27 जून	1982	एसटीएस-4	कोलंबिया	2	07	01	एडवार्डस्	शटल की आर एंड डी उड़ान
5.	11 नवंबर	1982	एसटीएस-5	कोलंबिया	4	05	02	एडवार्डस्	बहु कामसैट प्रमोचन / निर्धारित प्रथम स्पेस वॉक स्थगित
6.	4 अप्रैल	1983	एसटीएस-6	चैलेंज़र	4	05	00	एडवार्डस्	'टीडीआरएस' उपग्रह प्रमोचन, चैलेंज़र की प्रथम उड़ान, शटल से प्रथम स्पेस वॉक संपन्न
7.	18 जून	1983	एसटीएस-7	चैलेंज़र	5	06	02	एडवार्डस्	शटल के द्वारा अंतरिक्ष में प्रथम महिला सैली राइड
8.	30 अगस्त	1983	एसटीएस-8	चैलेंज़र	5	06	01	एडवार्डस्	प्रथम अफ्रीकी-अमरीकी (गुइन ब्लफर्ड) अंतरिक्ष में, रोबोट भुजा की टैस्टिंग, प्रथम रात्रि लैंडिंग
9.	28 नवंबर	1983	एसटीएस-9	कोलंबिया	6	10	07	एडवार्डस्	प्रथम स्पेस लैब मिशन
10.	3 फरवरी	1984	एसटीएस-41 बी	चैलेंज़र	5	07	23	कैनेडी	प्रथम टीथर रहित स्पेस वॉक (ब्रूस मैकेंडेल्स ष्ष के द्वारा), कैनेडी अंतरिक्ष केंद्र में प्रथम लैंडिंग

11.	6 अप्रैल	1984	एसटीएस-41 सी	चैलेंज़र	5	06	23	एडवार्डस्	प्रथम उपग्रह रेस्क्यू, अंतरिक्ष में (सोलर मैक्स उपग्रह)
12.	30 अगस्त	1984	एसटीएस-41 डी	डिस्कवरी	6	06	00	एडवार्डस्	स्पेस शटल डिस्कवरी की प्रथम उड़ान
13.	5 अक्तूबर	1984	एसटीएस-41 जी	चैलेंज़र	7	08	05	कैनेडी	दो महिलाओं की एक साथ प्रथम उड़ान, अमरीकी महिला की प्रथम स्पेस वॉक, इसके द्वारा प्रथम कनाडावासी अंतरिक्ष में
14.	8 नवंबर	1984	एसटीएस-51 ए	डिस्कवरी	5	07	23	कैनेडी	दो उपग्रह 'पलाया बी 2' एवं 'वेस्टार ट६' उपग्रहों का रिट्रीवल
15.	24 जनवरी	1985	एसटीएस-51 सी	डिस्कवरी	5	03	01	कैनेडी	मैग्नम प्रोब का प्रमोचन
16.	12 अप्रैल	1985	एसटीएस-51 डी	डिस्कवरी	7	06	23	कैनेडी	किसी सिटिंग राजनीतिज्ञ की प्रथम उड़ान (जेक गार्न)
17.	29 अप्रैल	1985	एसटीएस-51 बी	चैलेंज़र	7	07	00	एडवार्डस्	स्पेस लैब मिशन
18.	17 जून	1985	एसटीएस-51 जी	डिस्कवरी	7	07	01	एडवार्डस्	बहु कामसैट प्रमोचन
19.	29 जुलाई	1985	एसटीएस-51 एफ	चैलेंज़र	7	07	22	एडवार्डस्	स्पेस लैब मिशन
20.	27 अगस्त	1985	एसटीएस-51 आई	डिस्कवरी	5	07	02	एडवार्डस्	सिंकम एफ-3 उपग्रह का रेस्क्यू
21.	3 अक्तूबर	1985	एसटीएस-51 जे	अटलांटीस	5	04	01	एडवार्डस्	शटल अटलांटीस की प्रथम उड़ान
22.	30 अक्तूबर	1985	एसटीएस-61 ए	चैलेंज़र	8	07	00	एडवार्डस्	शटल चैलेंज़र का आखिरी सफल मिशन
23.	26 नवंबर	1985	एसटीएस-61 बी	अटलांटीस	7	06	21	एडवार्डस्	बहु कॉमसैट प्रमोचन
24.	12 जनवरी	1986	एसटीएस-61 सी	कोलंबिया	7	06	02	एडवार्डस्	अमरीकी कांग्रेसमैन बिल नेल्सन की उड़ान
25.	28 जनवरी	1986	एसटीएस-51 एल	चैलेंज़र	7	00 01 मि.	00 13 सै.	--	स्पेस शटल चैलेंज़र की दुर्घटना
26.	29 सितंबर	1988	एसटीएस-26	डिस्कवरी	5	04	01	एडवार्डस्	टीडीआरएस उपग्रह प्रमोचन, चैलेंज़र दुर्घटना के बाद शटल का प्रथम प्रमोचन

27.	2 दिसंबर	1988	एसटीएस-27	अटलांटीस	5	04	09	एडवार्डस्	लैक्रोस 1 का प्रमोचन
28.	13 मार्च	1989	एसटीएस-29	डिस्कवरी	5	04	23	एडवार्डस्	आइमैक्स नीतभार प्रमोचन, शेयर-८ अंतरिक्ष स्टेशन विकिरण परीक्षण
29.	4 मई	1989	एसटीएस-30	अटलांटीस	5	04	00	एडवार्डस्	मैगलन शुक्र ग्रह प्रोब प्रमोचन
30.	8 अगस्त	1989	एसटीएस-28	कोलंबिया	5	05	01	एडवार्डस्	उपग्रह डाटा तंत्र का प्रमोचन
31.	18 अक्तूबर	1989	एसटीएस-34	अटलांटीस	5	04	23	एडवार्डस्	गैलीलियो जूपिटर प्रोब प्रमोचन
32.	22 नवंबर	1989	एसटीएस-33	डिस्कवरी	5	05	00	एडवार्डस्	मैग्नम / आईयूएस प्रमोचन
33.	9 जनवरी	1990	एसटीएस-32	कोलंबिया	5	10	21	एडवार्डस्	सिंकम ८ एफ 5 उपग्रह प्रमोचन
34.	28 फरवरी	1990	एसटीएस-36	अटलांटीस	5	04	10	एडवार्डस्	वर्गीकृत मिशन
35.	24 अप्रैल	1990	एसटीएस-31	डिस्कवरी	5	05	01	एडवार्डस्	हब्बल अंतरिक्ष दूरबीन का प्रमोचन
36.	6 अक्तूबर	1990	एसटीएस-41	डिस्कवरी	5	04	02	एडवार्डस्	उलायसेस / आईयूएस सौर प्रोब प्रमोचन
37.	15 नवंबर	1990	एसटीएस-38	अटलांटीस	5	04	21	कैनेडी	वर्गीकृत मिशन
38.	2 दिसंबर	1990	एसटीएस-35	कोलंबिया	7	08	23	एडवार्डस्	आस्ट्रो-1 प्रेक्षणशाला का प्रमोचन
39.	5 अप्रैल	1991	एसटीएस-37	अटलांटीस	5	05	23	एडवार्डस्	कॉम्पटन गामा किरण प्रेक्षणशाला प्रमोचन
40.	28 अप्रैल	1991	एसटीएस-39	डिस्कवरी	7	08	07	कैनेडी	मिलीटरी विज्ञान परीक्षण
41.	5 जून	1991	एसटीएस-40	कोलंबिया	7	09	02	एडवार्डस्	स्पेस लैब मिशन
42.	2 अगस्त	1991	एसटीएस-43	अटलांटीस	5	08	21	कैनेडी	टीडीआरएस उपग्रह प्रमोचन
43.	12 सितंबर	1991	एसटीएस-48	डिस्कवरी	5	05	08	एडवार्डस्	उपरिवायुमंडल अनुसंधान उपग्रह का प्रमोचन
44.	24 नवंबर	1991	एसटीएस-44	अटलांटीस	6	06	22	एडवार्डस्	डीएसपी उपग्रह का प्रमोचन
45.	22 जनवरी	1992	एसटीएस-42	डिस्कवरी	7	08	01	एडवार्डस्	स्पेसलैब मिशन
46.	24 मार्च	1992	एसटीएस-45	अटलांटीस	7	08	22	कैनेडी	अटलस-1 विज्ञान प्लैटफॉर्म

47.	7 मई	1992	एसटीएस-49	एंड्यौर	7	08	21	एडवार्डस्	एंड्यौर शटल की प्रथम उड़ान, तीन व्यक्तियों के साथ प्रथम स्पेस वॉक, इंटलसैट टप उपग्रह का रिपेयर
48.	25 जून	1992	एसटीएस-50	कोलंबिया	7	13	19	कैनेडी	स्पेसलैब मिशन
49.	31 जुलाई	1992	एसटीएस-46	अटलांटीस	7	07	23	कैनेडी	यूरेका मिशन एवं नासा-इटली संयुक्त मिशन
50.	12 सितंबर	1992	एसटीएस-47	एंड्यौर	7	07	22	कैनेडी	स्पेसलैब-जे (जापान फंडेड मिशन)
51.	22 अक्तूबर	1992	एसटीएस-52	कोलंबिया	67	09	20	कैनेडी	लैग्योस प्प, सूक्ष्म गुरुत्व परीक्षण
52.	2 दिसंबर	1992	एसटीएस-53	डिस्कवरी	5	07	07	एडवार्ड्स	आंशिक वर्गीकृत मिशन
53.	13 जनवरी	1993	एसटीएस-54	एंड्यौर	5	05	23	कैनेडी	टीडीआरएस-एफ/आईयूएस प्रमोचन
54.	8 अप्रैल	1993	एसटीएस-56	डिस्कवरी	5	09	06	कैनेडी	अटलस-2 विज्ञान प्लेटफॉर्म
55.	26 अप्रैल	1993	एसटीएस-55	कोलंबिया	7	09	23	एडवार्डस्	स्पेसलैब-डी 2 (जर्मन फंडेड मिशन)
56.	21 जून	1993	एसटीएस-57	एंड्यौर	6	09	23	कैनेडी	स्पेस लैब, यूरेका
57.	12 सितंबर	1993	एसटीएस-51	डिस्कवरी	5	09	20	कैनेडी	ऐक्ट्स उपग्रह प्रमोचन, आइमैक्स कैमरे के साथ स्पेस-ओरफियस
58.	18 अक्तूबर	1993	एसटीएस-58	कोलंबिया	7	14	00	एडवार्ड्स	स्पेसलैब मिशन
59.	2 दिसंबर	1993	एसटीएस-61	एंड्यौर	7	10	19	कैनेडी	हब्बल अंतरिक्ष दूरबीन सर्विसिंग
60.	3 फरवरी	1994	एसटीएस-60	डिस्कवरी	6	07	06	कैनेडी	स्पेसहैब, वेकशील्ड सुविधा
61.	4 मार्च	1994	एसटीएस-62	कोलंबिया	5	13	23	कैनेडी	सूक्ष्म गुरुत्व परीक्षण
62.	9 अप्रैल	1994	एसटीएस-59	एंड्यौर	6	11	05		शटलराडार प्रयोगशाला-1
63.	8 जुलाई	1994	एसटीएस-65	कोलंबिया	7	14	17	कैनेडी	स्पेसलैब मिशन
64.	9 सितंबर	1994	एसटीएस-68	डिस्कवरी	6	11	05	एडवार्ड्स	शटलराडार प्रयोगशाला-2
65.	30 सितंबर	1994	एसटीएस-68	एंड्यौर	6	11	05	एडवार्ड्स	शटलराडार प्रयोगशाला-2

66.	3 नवंबर	1994	एसटीएस-66	अटलांटीस	6	10	22	एडवार्ड्स	अटलस-3 विज्ञान प्लैटफॉर्म-3
67.	3 फरवरी	1995	एसटीएस-63	डिस्कवरी	6	08	06	कैनेडी	मीर समीपता मिशन, स्पेस हैब, आईमैक्स
68.	2 मार्च	1995	एसटीएस-67	एंड्यौर	7	16	15	एडवार्ड्स	आस्ट्रो-2 मिशन
69.	27 जून	1995	एसटीएस-71	अटलांटीस	7/8	09	19	कैनेडी	प्रथम शटल-मीर जुड़न क्रिया
70.	13 जुलाई	1995	एसटीएस-70	डिस्कवरी	5	08	22	कैनेडी	टीडीआरएस-जी/आईयूएस प्रमोचन
71.	7 सितंबर	1995	एसटीएस-69	एंड्यौर	5	10	20	कैनेडी	वेक शील्ड सुविधा, स्पार्टन
72.	20 अक्तूबर	1995	एसटीएस-73	कोलंबिया	7	15	21	कैनेडी	स्पेस लैब मिशन
73.	12 नवंबर	1995	एसटीएस-74	अटलांटीस	5	08	04	कैनेडी	द्वितीय शटल-मीर जुड़न क्रिया
74.	11 जनवरी	1996	एसटीएस-72	एंड्यौर	6	08	22	कैनेडी	जापान की स्पेस फ्लायर इकाई की जाँच
75.	22 फरवरी	1996	एसटीएस-75	कोलंबिया	7	15	17	कैनेडी	टीथर्ड उपग्रह की पुनः उड़ान, सफलता नहीं मिली
76.	22 मार्च	1996	एसटीएस-76	अटलांटीस	6/5	09	05	एडवार्ड्स	शटल-मीर जुड़न क्रिया
77.	19 मई	1996	एसटीएस-77	एंड्यौर	6	10	00	कैनेडी	स्पेस लैब, स्पार्टन
78.	20 जून	1996	एसटीएस-78	कोलंबिया	7	16	21	कैनेडी	स्पेस लैब मिशन
79.	16 सितंबर	1996	एसटीएस-79	अटलांटीस	6/6	10	03	कैनेडी	शटल-मीर डाकिंग
80.	19 नवंबर	1996	एसटीएस-80	कोलंबिया	5	17	15	कैनेडी	वेकशील्ड सुविधा, आस्ट्रो स्पेस
81.	12 जनवरी	1997	एसटीएस-81	अटलांटीस	6/6	10	04	कैनेडी	शटल-मीर जुड़न क्रिया
82.	11 फरवरी	1997	एसटीएस-82	डिस्कवरी	7	09	23	कैनेडी	हब्बल स्पेस टेलीस्कोप रिपेयर
83.	4 अप्रैल	1997	एसटीएस-83	कोलंबिया	7	03	23	कैनेडी	मिशन में फ्यूल सेल समस्या
84.	15 मई	1997	एसटीएस-84	अटलांटीस	7/7	09	05	कैनेडी	शटल मीर-जुड़न क्रिया
85.	1 जुलाई	1997	एसटीएस-94	कोलंबिया	7	15	16	कैनेडी	स्पेस लैब मिशन
86.	7 अगस्त	1997	एसटीएस-85	डिस्कवरी	6	11	20	कैनेडी	क्रिस्टा-एसपीए एस मिशन

87.	25 सितंबर	1997	एसटीएस-87	अटलांटीस	7/7	10	19	कैनेडी	शटल-मीर जुड़न क्रिया
88.	19 नवंबर	1997	एसटीएस-67	कोलंबिया	6	15	16	कैनेडी	माइक्रोग्रैविटी परीक्षण, स्पार्टन
89.	22 जनवरी	1998	एसटीएस-89		7/7	08	19	कैनेडी	शटल-मीर जुड़न क्रिया
90.	17 अप्रैल	1998	एसटीएस-90		7	15	21	कैनेडी	स्पेस लैब मिशन
91.	2 जून	1998	एसटीएस-91		6/7	09	19	कैनेडी	आखिरी शटल-मीर जुड़न क्रिया
92.	29 अक्तूबर	1998	एसटीएस-95		7	08	21	कैनेडी	स्पेस लैब, जॉन ग्लेन की दूसरी उड़ान
93.	4 दिसंबर	1998	एसटीएस-88		6	11	19	कैनेडी	अल्फा अंतरिक्ष स्टेशन असेंबली की प्रथम उड़ान
94.	27 मई	1999	एसटीएस-96		7	09	19	कैनेडी	अल्फा अंतरिक्ष स्टेशन आपूर्ति उड़ान
95.	23 जुलाई	1999	एसटीएस-93		5	04	22	कैनेडी	चंद्रा एक्स किरण प्रेक्षणशाला प्रमोचन
96.	19 दिसंबर	1999	एसटीएस-103		7	07	23	कैनेडी	हब्बल अंतरिक्ष दूरबीन रिपेयर
97.	11 फरवरी	2000	एसटीएस-99		7	09	21	कैनेडी	शटल राडार टोपोग्राफी मिशन
98.	19 मई	2000	एसटीएस-101	अटलांटीस	7	09	21	कैनेडी	अल्फा अंतरिक्ष स्टेशन आपूर्ति
99.	8 सितंबर	2000	एसटीएस-106	अटलांटीस	7	11	19	कैनेडी	अल्फा अंतरिक्ष स्टेशन आपूर्ति
100.	11 अक्तूबर	2000	एसटीएस-92	डिस्कवरी	7	12	21	एडवार्डस्	अल्फा अंतरिक्ष स्टेशन असेंबली उड़ान
101.	30 नवंबर	2000	एसटीएस-97	एंड्यौर	5	10	19	कैनेडी	अल्फा अंतरिक्ष स्टेशन असेंबली उड़ान
102.	7 फरवरी	2001	एसटीएस-98	अटलांटीस	5	12	21	एडवार्डस्	अल्फा अंतरिक्ष स्टेशन असेंबली उड़ान
103.	8 मार्च	2001	एसटीएस-102	डिस्कवरी	7/7	12	19	कैनेडी	अल्फा अंतरिक्ष स्टेशन आपूर्ति
104.	19 अप्रैल	2001	एसटीएस-100	एंड्यौर	7	11	21	एडवार्डस्	अल्फा अंतरिक्ष स्टेशन असेंबली उड़ान
105.	12 जुलाई	2001	एसटीएस-104	अटलांटीस	5	12	18	कैनेडी	अल्फा अंतरिक्ष स्टेशन असेंबली उड़ान
106.	10 अगस्त	2001	एसटीएस-105	डिस्कवरी	7/7	11	21	कैनेडी	अल्फा स्टेशन आपूर्ति उड़ान
107.	5 दिसंबर	2001	एसटीएस-108	एंड्यौर	7/7	11	19	कैनेडी	अल्फा स्टेशन आपूर्ति उड़ान

108.	1 मार्च	2002	एसटीएस-109	कोलंबिया	7	10	22	कैनेडी	हब्बल स्पेस टेलीस्कोप सर्विसिंग
109.	8 अप्रैल	2002	एसटीएस-110	अटलांटीस	7	10	19	कैनेडी	अल्फा अंतरिक्ष स्टेशन असेंबली उड़ान
110.	5 जून	2002	एसटीएस-111	एंड्यौर	7/7	13	20	एडवार्डस्	अल्फा अंतरिक्ष स्टेशन आपूर्ति उड़ान
111.	23 नवंबर	2002	एसटीएस-112	अटलांटीस	6	10	19	कैनेडी	अल्फा स्टेशन असेंबली उड़ान
112.	23 नवंबर	2002	एसटीएस-113	एंड्यौर	7/7	13	18	कैनेडी	अल्फा स्टेशन असेंबली उड़ान
113.	16 जनवरी	2002	एसटीएस-107	एंड्यौर	7	15	22		स्पेस शटल कोलंबिया की दुर्घटना
114.	26 जुलाई	2005	एसटीएस-114	डिस्कवरी	7	13	21	एडवार्डस्	कोलंबिया शटल दुर्घटना के बाद की प्रथम शटल उड़ान
115.	4 जुलाई	2006	एसटीएस-121	डिस्कवरी	7/6	12	18	कैनेडी	अल्फा अंतरिक्ष स्टेशन असेंबली उड़ान
116.	9 सितंबर	2006	एसटीएस-115	अटलांटीस	6	11	19	कैनेडी	अल्फा अंतरिक्ष स्टेशन असेंबली उड़ान
117.	9 दिसंबर	2006	एसटीएस-116	डिस्कवरी	7/7	12	21	कैनेडी	अल्फा अंतरिक्ष स्टेशन असेंबली उड़ान
118.	8 जून	2007	एसटीएस-117	अटलांटीस	7/7	13	20	एडवार्डस्	अल्फा अंतरिक्ष स्टेशन असेंबली उड़ान
119.	8 अगस्त	2007	एसटीएस-118	एंड्यौर	7	12	18	कैनेडी	अल्फा अंतरिक्ष स्टेशन असेंबली उड़ान
120.	23 अक्तूबर	2007	एसटीएस-120	डिस्कवरी	7/7	15	02	कैनेडी	अल्फा अंतरिक्ष स्टेशन असेंबली उड़ान
121.	7 फरवरी	2008	एसटीएस-122	अटलांटीस	7/7	12	18	कैनेडी	अल्फा अंतरिक्ष स्टेशन असेंबली उड़ान
122.	11 मार्च	2008	एसटीएस-123	एंड्यौर	7/7	15	18	कैनेडी	अल्फा अंतरिक्ष स्टेशन असेंबली उड़ान
123.	31 मई	2008	एसटीएस-124	डिस्कवरी	7/7	13	18	कैनेडी	अल्फा अंतरिक्ष स्टेशन असेंबली उड़ान
124.	14 नवंबर	2008	एसटीएस-124	एंड्यौर	7/7	15	20	कैनेडी	अल्फा अंतरिक्ष स्टेशन असेंबली उड़ान
125.	15 मार्च	2009	एसटीएस-119	डिस्कवरी	7/7	12	19	कैनेडी	अल्फा अंतरिक्ष स्टेशन असेंबली उड़ान
126.	11 मई	2009	एसटीएस-125	अटलांटीस	7	12	21	एडवार्डस्	हब्बल अंतरिक्ष दूरबीन का आखिरी रिपेयर मिशन
127.	15 जुलाई	2009	एसटीएस-127	एंड्यौर	7/7	15	16	कैनेडी	अल्फा स्टेशन असेंबली उड़ान

128.	28 अगस्त	2009	एसटीएस-128	डिस्कवरी	7/7	13	21	एडवार्डस्	अल्फा स्टेशन असेंबली उड़ान
129.	16 नवंबर	2009	एसटीएस-129	अटलांटीस	6/7	10	19	कैनेडी	अल्फा स्टेशन असेंबली उड़ान
130.	8 फरवरी	2010	एसटीएस-130	एंड्यौर	6	13	18	कैनेडी	अल्फा स्टेशन असेंबली उड़ान
131.	5 अप्रैल	2010	एसटीएस-131	डिस्कवरी	7	15	03	कैनेडी	अल्फा स्टेशन असेंबली उड़ान
132.	14 मई	2010	एसटीएस-132	अटलांटीस	6	11	18	कैनेडी	अल्फा स्टेशन असेंबली उड़ान
133.	24 फरवरी	2011	एसटीएस-133	डिस्कवरी	6	12	19	कैनेडी	अल्फा स्टेशन असेंबली उड़ान
134.	16 मई	2011	एसटीएस-134	एंड्यौर	6	15	18	कैनेडी	अल्फा स्टेशन असेंबली उड़ान
135.	8 जुलाई	2011	एसटीएस-135	अटलांटीस	4	12	18	कैनेडी	अल्फा स्टेशन असेंबली उड़ान तथा स्पेस शटल कार्यक्रम की आखिरी शटल उड़ान

10

स्पेस शटल के रिटायरमेंट के बाद विकसित किए जा रहे अन्य अंतरिक्ष यान

यह बिलकुल स्पष्ट है कि अंतरिक्ष अन्वेषण के क्षेत्र में स्पेस शटल के महान योगदानों को भुलाया नहीं जा सकता है, लेकिन महत्वाकांक्षी मानव ने इस दिशा में हार नहीं मानी है। स्पेस शटल के रिटायरमेंट से जनित शून्यता का आभास अंतरिक्ष विज्ञानियों एवं तकनीकीविदों ने बहुत पहले ही कर लिया था तथा इसीलिए अनेक प्रकार के मानवयुक्त और मानवरहित अंतरिक्ष यानों का विकास काफी पहले से ही प्रारंभ हो गया था। इस अध्याय में इन्हीं विभिन्न अंतरिक्ष यानों का वर्णन किया जाएगा। इनमें से बहुतों की कई अंतरिक्ष उड़ानें हो भी चुकी हैं तथा अन्य की भविष्य में होने वाली हैं। स्पेस शटल की तकनीकी पर आधारित एक प्रमोचन रॉकेट एसएलएस (स्पेस लॉन्च सिस्टम) का भी विकास किया जा रहा है, जो अंतरिक्ष अन्वेषण इतिहास का सबसे शक्तिशाली प्रमोचन रॉकेट होगा। इसकी प्रारंभिक नीतभार वहन क्षमता 70 मीट्रिक टन होगी जो बाद में बढ़कर 130 मीट्रिक टन कर दी जाएगी। इसका वर्णन एक अलग अध्याय में किया गया है।

ओरियन बहुउद्देश्यीय अंतरिक्ष यात्री व्हीकल (एमपीसीवी)

ओरियन बहुउद्देश्यीय अंतरिक्ष यात्री व्हीकल (एमपीसीवी) एक नियोजित अंतरिक्ष यान है, जिसका निर्माण लॉकहीड मार्टिन कंपनी के द्वारा नासा के लिए किया जा रहा है। इसका डिज़ाइन पूर्व अंतरिक्ष यान 'ओरियन' पर आधारित है, जिस पर अनेक टैस्ट सम्पन्न किए जा चुके हैं। 'एमपीसीवी' की घोषणा 24 मई, 2011 को की गई थी। इसकी प्रथम मानवरहित उड़ान जुलाई 2013

10.1 : योरोप का ऑटोमैटेड ट्रान्सफर व्हीकल

के लिए 'डेल्टा हेवी रॉकेट' के द्वारा निर्धारित की गई थी, जो अब दिसंबर 2013 हो गई है तथा अब यह 2014 भी हो सकती है।

10.2 : जापान की एच-II ट्रान्सफर व्हीकल

प्रारंभिक स्वरूप में 'ओरियन' अंतरिक्ष यान का विकास नासा के लिए लॉकहीड मार्टिन कंपनी के द्वारा 2005 में 'कॉन्स्टेलेशन कार्यक्रम' के अंतर्गत प्रारंभ किया गया था, जिसके अंतर्गत 'ओरियन अंतरिक्ष यान' को अंतरिक्ष यात्री अन्वेषण व्हीकल की भूमिका निभानी थी। प्रत्येक 'ओरियन' अंतरिक्ष यान के द्वारा चार अंतरिक्ष यात्रियों को अंतरिक्ष में भेजने की व्यवस्था थी। इस अंतरिक्ष यान के प्रारंभिक डिज़ाइन में इसका प्रमोचन 'एरीज-1' रॉकेट के द्वारा किया जाना था। इस परियोजना पर काफी काम भी हो गया था, लेकिन 11 अक्तूबर, 2010 को 'कॉन्स्टेलेशन' कार्यक्रम के स्थगित कर दिए जाने के बाद एरीज कार्यक्रम भी बंद कर दिया गया तथा 'ओरियन' अंतरिक्ष यान के विकास में कुछ संशोधन किए गए। नई परियोजना का नाम 'ओरियन बहुउद्देश्यीय अंतरिक्ष यात्री व्हीकल (एमपीसीवी)' रखा गया।

10.3 : ओरियन बहुउद्देश्यीय व्हीकल (एम.पी.सी.वी.)

'एमपीसीवी' के विकास में क्षुद्र ग्रहों और मंगल ग्रह का भी ध्यान रखा जा रहा है, जिसकी (मंगल ग्रह) अंतरिक्ष यात्रा का समय लगभग छह महीने का होगा। यह अंतर्राष्ट्रीय अंतरिक्ष स्टेशन की कार्गो आपूर्ति एवं अंतरिक्ष यात्रियों को ले जाने और वापस लाने में भी सहायक होगा। इसके मुख्य तीन भाग हैं–अंतरिक्ष यात्री मॉड्यूल, सेवा मॉड्यूल एवं अंतरिक्ष यान एडॉप्टर। अपोलो अंतरिक्ष यानों की तुलना में 'एमपीसीवी' बड़ा है तथा संक्षिप्त अथवा दीर्घकालीन अंतरिक्ष अभियानों के लिए अधिक अंतरिक्ष यात्री ले जा सकेगा।

अंतरिक्ष यात्री मॉड्यूल का आयतन 8.95 घन मीटर है तथा यह चार अंतरिक्ष यात्रियों को लेकर 21 दिन तक अंतरिक्ष में रह सकेगा। इस अंतरिक्ष यान का जीवन रक्षा तंत्र, नोदन तंत्र (प्रोपल्सन), तापीय सुरक्षा एवं वैमानिकी तंत्र आदि नवीनतम तकनीकों पर आधारित होंगे तथा समयानुसार उन्हें अपग्रेड भी किया जाएगा। कैप्सूल का कुल भार 8,913 कि.ग्रा. सर्विस मॉड्यूल का भार 12,337 कि.ग्रा. तथा अंतरिक्ष यान का

कुल भार 21,250 कि.ग्रा. होगा। 'एमपीसीवी' डिज़ाइनकर्त्ताओं के आत्मविश्वास के अनुसार पृथ्वी से अंतरिक्ष में जाते समय तथा अंतरिक्ष से वापस पृथ्वी पर आते समय यह स्पेस शटल की तुलना में 10 गुना अधिक सुरक्षित होगा। इसकी नियमित ऑपरेशनल उड़ानें विशिष्ट प्रमोचन रॉकेट स्पेस लॉन्च सिस्टम (एसएलएस) के द्वारा की जाएँगी; जिसकी विधिवत घोषणा नासा के द्वारा 14 सितंबर, 2011 को की जा चुकी है।

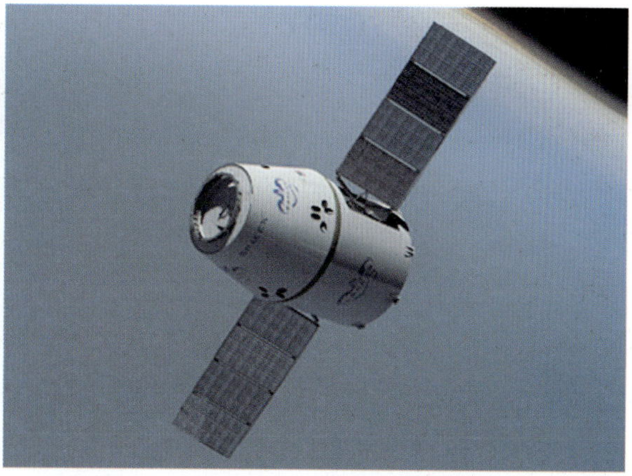

10.4 : ड्रैगन अंतरिक्ष यान

'एसएलएस' स्पेस शटल आधारित भारी प्रमोचन यान है। इसकी प्रारंभिक नीतभार वहन क्षमता 70 टन की तथा बाद में यह 100 टन हो जाएगी। आखिर में यह क्षमता 130 टन तक कर दी जाएगी।

ऑटोमैटेड ट्रांसफर व्हीकल (एटीवी)

'एटीवी' अंतरिक्ष यान का विकास योरोपीय अंतरिक्ष संस्था (ईसा) के द्वारा मानवरहित आपूर्ति अंतरिक्ष यान के रूप में किया गया है। इसका उद्देश्य अंतर्राष्ट्रीय अंतरिक्ष स्टेशन 'अल्फा' को ईंधन, जल, नीतभार और परीक्षण उपकरण पहुँचाना है। यह अंतरिक्ष यान 'अल्फा' अंतरिक्ष स्टेशन की अंतरिक्ष कक्षा के उत्थापन (ऑरबिट रेंजिंग) में भी मददगार है। इस अंतरिक्ष यान की क्षमता रूसी प्रोग्रेस अंतरिक्ष यान की तुलना में तीन गुना है। इस अंतरिक्ष यान का कार्गो दाबयुक्त सैक्शन इटली निर्मित बहुउद्देश्यीय लॉजिस्टिक मॉड्यूल से काफी मिलता-जुलता है, जिनका उपयोग स्पेस शटल के द्वारा अंतरिक्ष स्टेशन में सामान पहुँचाने के लिए किया गया।

इस अंतरिक्ष यान की ऊँचाई 10.3 मीटर तथा व्यास 4.5 मीटर है। इसका दाबयुक्त आयतन 48 घन मीटर है। विद्युत आपूर्ति के लिए इसमें चार सौर पैनल हैं, जो 3.8 कि. वाट पॉवर का जनन करते हैं। प्रमोचन के समय इसका भार 20.7 टन होता है तथा अंतरिक्ष में कार्गो पहुँचाने की इसकी क्षमता 8 टन है। यह 1,500 से 5,500 कि.ग्रा. शुष्क कार्गो, 840 कि.ग्रा. पानी, 100 कि.ग्रा. तक गैस (ऑक्सीजन और नाइट्रोजन, हवा) तथा 4700 कि.ग्रा. तक ईंधन अंतर्राष्ट्रीय अंतरिक्ष स्टेशन में पहुँचा सकता है।

अब तक दो 'एटीवी' अंतरिक्ष यानों का प्रमोचन अल्फा अंतरिक्ष स्टेशन के लिए किया जा चुका है। इनके नाम हैं–जूलियस वर्ने तथा जोहैनस कैप्लर। अंतरिक्ष विज्ञान की महान विभूतियों को सम्मान देने के लिए 'एटीवी' अंतरिक्ष यानों का नामकरण इस प्रकार से किया गया।

10.5 : साइग्नस अंतरिक्ष यान

'एटीवी-1' (जूलियस वर्ने) का प्रमोचन 9 मार्च, 2008 को फ्रेंच गुएना के प्रमोचन स्थल से एरियन-5 रॉकेट के द्वारा किया गया। प्रमोचन के बाद इसके ऊपर अनेक परीक्षण और जाँच-पड़ताल के कार्य किए गए। 3 अप्रैल, 2008 को यह अंतर्राष्ट्रीय अंतरिक्ष स्टेशन से जुड़ गया। यह 29 सितंबर, 2008 तक इससे जुड़ा रहा तथा फिर इस स्टेशन से अलग हुआ। प्रोग्रेस अंतरिक्ष यानों की भाँति यह भी पृथ्वी के वायुमंडल में प्रवेश करने के बाद नष्ट हो गया।

'एटीवी-2' (जौहैनस कैप्लर) अंतरिक्ष यान का प्रमोचन 17 फरवरी, 2011 को किया गया तथा इसके द्वारा सात टन का कार्गो अंतर्राष्ट्रीय अंतरिक्ष स्टेशन पर भेजा गया। 20 जून, 2011 को यह अल्फा अंतरिक्ष स्टेशन से अलग हुआ तथा पृथ्वी के वायुमंडल में (वापसी के समय) प्रवेश करने के बाद नष्ट हो गया। इस अंतरिक्ष यान के द्वारा अल्फा अंतरिक्ष स्टेशन को रोटेट भी किया गया।

इन शृंखलाओं में अन्य 'एटीवी' अंतरिक्ष यान हैं–एटीवी-3 (एडोआर्डो अमाल्डी), एटीवी-4 (अलबर्ट आइंस्टीन), एटीवी-5। एटीवी-3 का प्रमोचन 23 मार्च, 2012 को किया गया। एटीवी-4 तथा एटीवी-5 के प्रमोचन क्रमशः 2013 और 2014 के वर्षों में किए जाने की आशा है।

'एटीवी' अंतरिक्ष यानों को कार्गो को भेजने के अलावा अंतरिक्ष यात्रियों को ले जाने वाले अंतरिक्ष यान के रूप में भी विकसित किया जा रहा है। इसके द्वारा तीन अंतरिक्ष यात्री भेजे जा सकेंगे।

जापान द्वारा विकसित अंतरिक्ष यान 'एच-II ट्रांसफर व्हीकल'

इसे संक्षिप्त में 'एचटीवी' भी कहते हैं। यह एक मानवरहित अंतरिक्ष यान है, जिसका विकास अंतर्राष्ट्रीय अंतरिक्ष स्टेशन 'अल्फा' के एक जापानी अवयव 'किबो जापानी परीक्षण मॉड्यूल (जेईएम)' को आपूर्ति सामग्री पहुँचाने के लिए किया गया है। जापानी अंतरिक्ष संस्था (जाक्सा) ने इसके डिज़ाइन के लिए प्रथम मिशन 'एचटीवी-1' के प्रमोचन की योजना 2001 में बनाई थी, लेकिन अंत में इस प्रथम उड़ान का प्रमोचन 10 सितंबर, 2009 में हुआ। इसका प्रमोचन करने वाला प्रमोचन यान जापानी रॉकेट 'एच-II बी' रॉकेट था।

'एचटीवी' अंतरिक्ष यान की लंबाई दस मीटर (जिसमें एक तरफ के मनूवर प्रणोदकों की लंबाई भी शामिल है) तथा व्यास 4.4 मीटर है। इसका कुल भार 10.5 टन है तथा अंतरिक्ष कक्षा में नीतभार (पे लोड) वहन क्षमता छह टन है। 'एचटीवी' तुलनात्मक दृष्टि से रूसी प्रोग्रेस कार्गो अंतरिक्ष यानों, योरोपीय अंतरिक्ष 'एटीवी' व्यावसायिक ड्रैगन अंतरिक्ष यान और व्यावसायिक 'साइग्नस' अंतरिक्ष यान की तरह ही एक सक्षम परियोजना है तथा इन सभी अंतरिक्ष यानों का विकास अंतर्राष्ट्रीय अंतरिक्ष स्टेशन में आपूर्ति पहुँचाने के लिए किया गया है। 'एटीवी' की भाँति ही 'एचटीवी' अंतरिक्ष यान की नीतभार वहन क्षमता 'प्रोग्रेस' अंतरिक्ष यान की तुलना में दो गुना है। 'प्रोग्रेस' अंतरिक्ष यान की तुलना में इसमें एक भिन्नता यह है कि यह अंतरिक्ष यान के साथ स्वतः (ऑटोमैटिकली) जुड़ जाता (डाकिंग) है।

'एचटीवी' में एक बाह्य नीतभार बे है, जो अल्फा अंतरिक्ष स्टेशन की रोबोटिक भुजा की पहुँच में होती है। इस अंतरिक्ष यान में अंतर्राष्ट्रीय मानक स्तर की आठ रैक हैं तथा ये रैकें दाबयुक्त क्षेत्र में होने के कारण इनका लाभ यह है कि अंतरिक्ष स्टेशन के अंतरिक्ष यात्री इन रैकों तक वैसे ही पहुँच जाते हैं, जैसे वे अंतरिक्ष स्टेशन के उपकरणों तक (अर्थात् शर्ट-स्लीव पर्यावरण में जो मानव के अनुकूल होता है)। स्पेस शटल के रिटायरमेंट के बाद 'एचटीवी' अकेला कार्गो अंतरिक्ष यान है जिसमें अंतर्राष्ट्रीय मानक स्तर की रैकों का प्रयोग किया गया है। सामान पहुँचाने के बाद 'एचटीवी' को त्याज्य पदार्थों से भरकर अंतरिक्ष स्टेशन से रिलीज कर दिया जाता है तथा पृथ्वी के वायुमंडल में प्रवेश करते समय यह नष्ट हो जाता है। 'एचटीवी' की विभिन्न प्रमोचित और नियोजित उड़ानों का विवरण सारणी-10.1 में दिया गया है।

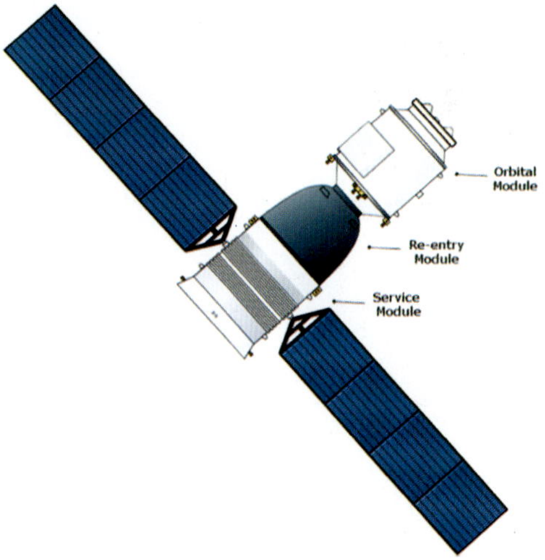

10.6 : चीन का शेंजू अंतरिक्ष यान

_सारणी–10.1_

'एचटीवी' अंतरिक्ष यानों की प्रमोचित और नियोजित उड़ानें

क्र.स.	एचटीवी अंतरिक्ष यान	प्रमोचन तिथि	प्रमोचन रॉकेट	पृथ्वी के वायुमंडल में प्रवेश की तिथि
1.	एचटीवी-1	10.9.2009	एच-II बी एफ 1	1.1.2009
2.	एचटीवी-2	22.01.2011	एच-II बी एफ 2	30.3.2011
3.	एचटीवी-3	21.07.2012	एच-II बी एफ 3	14.09.2012
4.	एचटीवी-4	04.08.2013	एच-II बी एफ 4	
5.	एचटीवी-5	सितंबर-नवंबर, 2013	एच-II बी	
6.	एचटीवी-6	2014	एच-II बी	
7.	एचटीवी-7	2015	एच-II बी	

'एचटीवी' की अंतरिक्ष कक्षा दीर्घाकार होती है तथा इसकी अपोजी 460 कि.मी. (पृथ्वी से इष्टतम दूरी) तथा पेरिजी (पृथ्वी से निम्नतम दूरी) 350 कि.मी. होती है।

शेंजू अंतरिक्ष यान

शेंजू अंतरिक्ष यान चीन के द्वारा विकसित और प्रचालित अंतरिक्ष यान है, जिसका प्रमुख उद्‌देश्य मानवयुक्त अंतरिक्ष कार्यक्रम (चीन के) को सपोर्ट प्रदान करना है। इसका डिज़ाइन रूसी सोयुज अंतरिक्ष यान से मिलता-जुलता है, लेकिन आकार में यह उससे बड़ा है तथा इसका निर्माण नवीनतम तकनीकों पर आधारित है। इसका प्रथम प्रमोचन 19 नवंबर, 1999 को तथा इसका प्रथम मानवयुक्त प्रमोचन 15 अक्तूबर, 2003 को किया गया। इस अंतरिक्ष यान के सम्मान में एक क्षुद्र ग्रह का नाम '8,256 शेंजू' रखा गया।

वर्ष 1994 में रूस ने अपनी कुछ उच्च कोटि की वैमानिकी और अंतरिक्ष तकनीकों को चीन को हस्तांतरित कर दी। वर्ष 1995 में दोनों देशों के बीच एक समझौते के तहत रूसी सोयुज अंतरिक्ष यान तकनीकी को चीन को प्रदान किया गया। इस समझौते में शामिल चीज़ें थीं–प्रशिक्षण, सोयुज कैप्सूलों के विषय में जानकारी, जीवन रक्षा तंत्र, जुड़न (डाकिंग) तंत्र एवं अंतरिक्ष सूट। काफी प्रयासों के बाद शेंजू अंतरिक्ष यान तैयार हुआ, जिसका भार 7,840 कि.ग्रा., लंबाई 9.25 मीटर, व्यास 2.8 मीटर था। सोयुज अंतरिक्ष यान की भाँति शेंजू अंतरिक्ष यान में तीन मॉड्यूल हैं–आगे वाला कक्षीय मॉड्यूल, पुनः प्रवेश (रीएंट्री) मॉड्यूल जो मध्य में है तथा एक सेवा (सर्विस) मॉड्यूल।

शेंजू मिशन की अब तक आठ उड़ानें संपन्न हो चुकी हैं, जो सारणी-10.2 में दी गई हैं। कक्षीय मॉड्यूल में परीक्षणों, अंतरिक्ष यात्रियों के द्वारा प्रचालित उपकरणों के लिए तथा रहने के लिए आवासीय स्थान होता है। बिना डाकिंग तंत्र के साथ शेंजू-1 से लेकर शेंजू-6 में विभिन्न प्रकार के नीतभार वैज्ञानिक परीक्षणों के लिए ले जाए गए।

सारणी–10.2

शेंजू अंतरिक्ष यानों का विवरण जो प्रमोचित हो चुके हैं

क्र.स.	अंतरिक्ष यान	प्रमोचन तिथि	टिप्पणी
1.	शेंजू-1	19.11.1999	मानव रहित उड़ान
2.	शेंजू-2	09.01.2001	इसमें जानवर भेजे गए
3.	शेंजू-3	25.03.2002	परीक्षण जाँच
4.	शेंजू-4	29.12.2002	परीक्षण जाँच. अनेक वैज्ञानिक परीक्षण
5.	शेंजू-5	15.10.2003	यांग लीवी, प्रथम चीनी अंतरिक्ष यात्री
6.	शेंजू-6	12.10.2005	2 चीनी अंतरिक्ष यात्री गए, यह 5 दिन का मिशन था
7.	शेंजू-7	25.09.2008	3 चीनी अंतरिक्ष यात्री दल गया. स्पेस वॉक भी संपन्न
8.	शेंजू-8	31.10.2011	मानव रहित मिशन जो चीनी अंतरिक्ष टायनगाँग-1 से जुड़ा (2 नवंबर, 2011 को)

चीन के अन्य नियोजित अंतरिक्ष यानों में शामिल मिशन है–शेंजू-9, शेंजू-10 एवं शेंजू-11। शेंजू-9 के द्वारा तीन अंतरिक्ष यात्री अंतरिक्ष में जाएँगे तथा यह शेंजू-8 के बाद टायनगांग अंतरिक्ष स्टेशन मॉड्यूल से जुड़ेगा। यह प्रक्रिया वर्ष 2012 में संपन्न हुई। वर्ष 2012 में ही शेंजू-10 अंतरिक्ष यान तीन चीनी अंतरिक्ष यात्रियों के दल को लेकर टायनगांन-1 से जुड़ेगा। उसके बाद शेंजू-11 भी मानवयुक्त अभियान होगा जो टायनगांग-2 से जुड़ेगा। शेंजू अंतरिक्ष यानों की अंतरिक्ष कक्षा दीर्घवृत्तीय होती है, जिसमें अपोजी (पृथ्वी से इष्टतम दूरी) 324 कि.मी. तथा पेरिजी (पृथ्वी से निम्नतम दूरी) 196 कि.मी. होती है। चीनी अंतरिक्ष स्टेशन मॉड्यूल का प्रमोचन 29 सितंबर, 2011 को किया गया।

ड्रैगन अंतरिक्ष यान

ड्रैगन एक पुनः प्रयोज्यीय अंतरिक्ष यान है, जिसका विकास एक प्राइवेट कंपनी स्पेस ट्रांसपोर्टेशन के द्वारा किया गया है। इसकी प्रथम उड़ान 8 दिसंबर, 2010 को संपन्न हुई तथा यह प्रथम व्यावसायिक रूप से निर्मित और प्रचालित प्रथम अंतरिक्ष यान था; जो अंतरिक्ष की कक्षा से सफलतापूर्वक पृथ्वी पर वापस ले आया जा सका। नासा के व्यावसायिक आपूर्ति सेवा कार्यक्रम के अनुबंध के अंतर्गत यह अंतर्राष्ट्रीय अंतरिक्ष

स्टेशन को आपूर्ति पहुँचाएगा। इसके अलावा ड्रैगन अंतरिक्ष यान का डिज़ाइन पृथ्वी की निम्न कक्षा में सात अंतरिक्ष यात्री अथवा अंतरिक्ष यात्री और कार्गो (सात अंतरिक्ष यात्रियों के समतुल्य) को पहुँचाने के लिए किया गया है। ड्रैगन अंतरिक्ष यान की हीटशील्ड का डिज़ाइन विशेष रूप से इस तरह किया गया है कि जिससे वापसी में यह पृथ्वी के वायुमंडल की भीषण गतियों को झेल सके। चंद्र और मंगल ग्रह यात्राओं के लिए भी यह अंतरिक्ष यात्री यान के रूप में प्रस्तावित किया गया है।

अंतरिक्ष स्टेशन के समीप पहुँचने पर यह अंतरिक्ष स्टेशन की रोबोटिक भुजा के द्वारा पकड़कर अंतरिक्ष स्टेशन के साथ जोड़ा (डाकिंग किया) जाएगा; लेकिन इस अंतरिक्ष यान का जो मानवयुक्त स्वरूप होगा उसमें नासा का जुड़न तंत्र (डाकिंग सिस्टम) प्रयुक्त होगा। इसका प्रमोचन फैल्कन-9 रॉकेट के द्वारा किया जाता है। प्रारंभिक कार्गो और अंतरिक्ष यात्री उड़ानों में वापसी के समय इसकी लैंडिंग समुद्र में कराई जाएगी, लेकिन बाद में लैंडिंग प्रणोदकों के प्रयोग से यह लैंडिंग स्थल पर संपन्न की जाएगी।

वर्ष 2010 में 4 जून को फैल्कन-9 रॉकेट की प्रथम उड़ान के द्वारा इसकी 'क्वालीफिकेशन यूनिट' की जाँच की गई। इसकी यह स्ट्रक्चरल जाँच थी, जिसमें कोई उपकरण नहीं लगे थे तथा इसे आखिरी स्टेज से जोड़ दिया गया था। 'ड्रैगन' अंतरिक्ष यान के डाकिंग टारगेट तंत्र (जिसका नाम 'ड्रैगन आई') की जाँच 2009 में स्पेस शटल की उड़ान एसटीएस-127 के दौरान की गई। इसकी और आगे जाँच-पड़ताल फरवरी 2011 में शटल उड़ान एसटीएस-133 के दौरान हुई।

ड्रैगन अंतरिक्ष यान की प्रथम उड़ान 22 मई, 2012 को संपन्न हुई तथा इसका गन्तव्य स्थल अंतर्राष्ट्रीय अंतरिक्ष स्टेशल अल्फा था। यह एक पहला मौका था, जब किसी प्राइवेट संस्था का अंतरिक्ष यान अंतर्राष्ट्रीय अंतरिक्ष स्टेशन 'अल्फा' से अंतरिक्ष में। यह प्रमोचन फैल्कन-9 रॉकेट के द्वारा संपन्न हुआ।

ड्रैगन अंतरिक्ष यान की दूसरी उड़ान अल्फा अंतरिक्ष स्टेशन के लिए 8 अक्तूबर, 2012 को संपन्न हुई। यह इसकी प्रथम आपरेशनल उड़ान थी।

'साइग्नस' अंतरिक्ष यान

नासा की काट्स (व्यावसायिक कक्षीय परिवहन सेवा) परियोजना के अंतर्गत मानवरहित आपूर्ति अंतरिक्ष यान 'साइग्नस' का विकास दो संस्थान–ऑरबिटल साइंसेज़ कॉर्पोरेशन एवं थेल्स एलेनिया स्पेस' संयुक्त रूप से कर रहे हैं। इसका विकास स्पेस शटल के रिटायरमेंट के बाद अंतर्राष्ट्रीय अंतरिक्ष स्टेशन में आपूर्ति पहुँचाने के उद्देश्य से किया जा रहा है।

अप्रैल 2010 तक ऑरबिटल साइंसेज कॉर्पोरेशन संस्था ने 'साइग्नस' कार्गो डिलीवरी अंतरिक्ष यान का फुल स्केल मॉडल विकसित कर लिया था, जिसका प्रदर्शन कोलोरैडो स्प्रिंग्स के एक राष्ट्रीय अंतरिक्ष सेमीनार में किया गया। 'साइग्नस' की प्रथम उड़ान वर्ष 2010 के अंत में होनी थी, लेकिन इसे आगे बढ़ा दिया गया।

'साइग्नस' अंतरिक्ष यान के दो मूल भाग हैं–सर्विस मॉड्यूल और कार्गो मॉड्यूल। सर्विस मॉड्यूल का

डिज़ाइन नासा के पूर्व प्रमोचित 'डान' अंतरिक्ष यान पर आधारित है। अंतरिक्ष यान की ऊँचाई 3.66 मीटर से 4.86 मीटर के बीच में तथा व्यास 3.07 मीटर है। दो गैलियम आर्सेनाइड सौर एरे के द्वारा यह चार कि.वा. पॉवर का जनन करेगा। इसके कार्गो मॉड्यूल दो प्रकार के हैं–दाबयुक्त और दाबरहित। इसका कुल भार 3,500 कि.ग्रा. तथा नीतभार वहन क्षमता 2,000 कि.ग्रा. होगी।

11

पुनः प्रयोज्यीय अंतरिक्ष यान, अंतरिक्ष अन्वेषण की भावी आशा एवं आवश्यकता

महत्वाकांक्षी मानव अंतरिक्ष अन्वेषण का एक महान सपना अपने हृदय के अंदर छिपाये हुए है तथा उसके सपनो में बड़ी-बड़ी महत्त्वपूर्ण चीज़ें शामिल हैं। जैसे–अंतरिक्ष पर्यटन, सौर ऊर्जा उपग्रह को अंतरिक्ष में स्थापित करना जिससे पृथ्वी की विद्रयुत समस्या सदा के लिए समाप्त हो सके, अंतरिक्ष में बस्तीकरण और आवासीकरण, अंतरिक्ष में विभिन्न प्रकार के उद्‍योगों का स्थापन, अंतरिक्ष में क्षुद्र ग्रहों की माइनिंग, अंतरिक्ष में उपग्रहों, अंतरिक्ष स्टेशनों और अंतरिक्ष प्रयोगशालाओं एवं प्रेक्षणशालाओं का स्थापन इत्यादि। इन सभी अंतरिक्ष उपयोगों में प्रमुख और महत्त्वपूर्ण बात है–सस्ता और विश्वसनीय अंतरिक्ष परिवहन। अंतरिक्ष परिवहन का पारंपरिक साधन प्रमोचन रॉकेट रहा है, लेकिन इसका ऋणात्मक पहलू यह है कि एक प्रमोचन में पूरा का पूरा प्रमोचन रॉकेट जल जाता है तथा अगले प्रमोचन के लिए सर्वथा एक नए रॉकेट की आवश्यकता पड़ती है। इस प्रकार रॉकेटों के द्‍वारा अंतरिक्ष प्रमोचन महँगा कार्य है। यदि कोई प्रमोचन यान इस तरह का हो जिसे कई बार कई प्रमोचनों के लिए प्रयोग में लाया जा सके तो प्रमोचन कीमतें कम की जा सकती हैं और अंतरिक्ष अन्वेषण को और भी अधिक विस्तृत किया जा सकता है। इस तरह के प्रमोचन यानों को पुनः प्रयोज्यीय प्रमोचन यान अथवा अंग्रेज़ी में 'रीयूजेबुल लॉन्च व्हीकल' कहते हैं। अमरीकी स्पेस शटल को पुनः प्रयोज्ययीय प्रमोचन यान कहते हैं, लेकिन वास्तविक मामले में यह पुनः प्रयोज्यीय नहीं हैं क्योंकि एक प्रमोचन में स्पेस शटल का एक भाग बाह्य टैंक (जिसे संक्षिप्त में ई.टी. कहते हैं) नष्ट हो जाता है तथा अगले प्रमोचन में एक नए बाह्य टैंक का प्रयोग किया जाता है। अंतरिक्ष प्रमोचन और अंतरिक्ष परिवहन महँगा होने के कारण ही अप्रैल, 2010 तक (12 अप्रैल, 1961 को यूरी गागरिन की प्रथम उड़ान के बाद) केवल 517 मानव, 278 मानवयुक्त उड़ानों के द्‍वारा अंतरिक्ष में जा सके हैं, जो कि औसत रूप से 10 मानव प्रति व्यक्ति आता है।

इस तरह अंतरिक्ष अन्वेषण को बढ़ावा देने की आवश्यकता है। कक्षीय पुनः प्रयोज्यीय प्रमोचन यानों के द्‍वारा प्रमोचन कीमतों को कम किया जा सकता है तथा विश्वसनीय प्रमोचन सेवा संभव है। प्रस्तुत अध्याय में पुनः प्रयोज्यीय अंतरिक्ष यानों के विभिन्न पहलुओं का वर्णन किया जाएगा तथा इस संदर्भ में विभिन्न परियोजनाओं का भी वर्णन किया जाएगा।

11.1 : ऊर्ध्वाधर उड़ान एवं ऊर्ध्वाधर लैंडिंग/सिंगल स्टेज टु ऑरबिट (वी.टी.वी.एल./एस.टी.ओ.) प्रणाली के कर्णधार फिलिप्स बोनो ने रोंबस अंतरिक्ष व्हीकल का प्रस्ताव दिया

ऐतिहासिक पृष्ठभूमि

वैज्ञानिक दंतकथाओं में पुनः प्रयोज्यीय अंतरिक्ष प्रमोचन यानों का काफी वर्णन किया गया है। 1950 की पॉपुलर वैज्ञानिक कथाओं में एक स्टेज वाले पुनः प्रयोज्यीय रॉकेट यानों के रूप में स्पेस प्रमोचन यानों का काफी विवरण देखने को मिलता है जो ऊर्ध्वाधर दिशा में प्रमोचित किए जाते थे तथा ऊर्ध्वाधर दिशा में ही लैंड करते थे। कुछ वैज्ञानिक दन्तकथाओं में एक स्टेज वाले पुनः प्रयोज्यीय रॉकेट वायुयानों का भी ज़िक्र हुआ है जिनका क्षैतिज रूप में (होरिजेंटली) प्रमोचन तथा लैंडिंग भी क्षैतिज रूप में होती है। निम्न विशिष्ट आवेग (इंपल्स) अथवा अपर्याप्त प्रणोद-संवेग अनुपात (थ्रस्ट-टु-वेट रेसियो) तथा साथ ही साथ समुचित निष्पादन वाले निर्माण पदार्थों (प्रतिबल, दुर्नम्यता और ताप प्रतिरोधी गुणों के संदर्भ में) का उपलब्ध न होना एवं निम्न भार जैसे वास्तविकताओं के बीच एक स्टेज वाले पुनः प्रयोज्यीय अंतरिक्ष यानों की दूरदृष्टि एक प्रकार से असंभव लगती है। लेकिन पदार्थ विज्ञान में हुए अधिकाधिक अनुसंधान और इंजन तकनीक में हुए अनेक सुधारों ने इस संकल्पना की संभाव्यता को आसान कर दिया है।

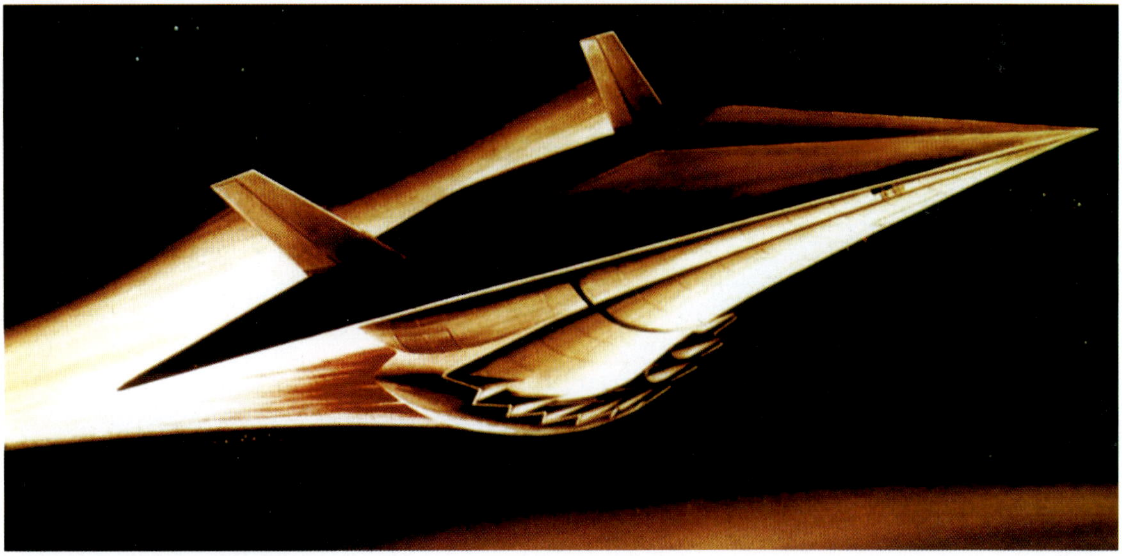

11.2 : एरोस्पेसप्लेन-1

अकेली स्टेज वाली ऊर्ध्वाधर प्रमोचन/लैंडिंग के पहले पुनः प्रयोज्यीय बहु-स्टेज 'नेक्सस' प्रमोचन का डिज़ाइन आया जिसके आविष्कर्त्ता थे–क्रैफ्ट एहरिक। 'अकेली स्टेज ऊर्ध्वाधर प्रमोचन/लैंडिंग' डिज़ाइन के प्रमुख कर्णधार फिलिप बानो थे, जो डगलस कंपनी में काम करते थे। बानो ने अनेक प्रमोचन यानों का प्रस्ताव दिया जिनमें शामिल कुछ प्रमोचन यान थे–रूस्ट, रोम्बस, इथैकस, पेगासस और सैस्टो। योरोप में एक अन्य वैज्ञानिक डाइट्रिच कोएले भी बोनो के सैस्टो डिज़ाइन से काफी प्रेरित हुए तथा उन्होंने अपना खुद का ऊर्ध्वाधर डिज़ाइन बीटा अंतरिक्ष यान के रूप में प्रस्तावित किया।

क्षैतिज अकेली स्टेज वाली डिज़ाइनों के पहले यूगेन सॉगनेर ने कुछ अन्य प्रस्ताव दिए। क्षैतिज अंतरिक्ष यान जो कक्षीय गति प्राप्त कर सकते हैं, उनका डिज़ाइन ऊर्ध्वाधर अंतरिक्ष यानों की तुलना में मुश्किल होता है तथा इसका कारण है अंतरिक्ष यान के ढाँचे का भार। इस समस्या के समाधान के लिए अनेक बहुउद्देश्य वाले प्रोटो मॉडल निर्मित किए गए, जैसे–एक्स-15 अंतरिक्ष यान। अन्य प्रमोचन तंत्र संरूपण डिज़ाइन भी संभव हैं, जैसे–क्षैतिज प्रमोचन के साथ ऊर्ध्वाधर लैंडिंग एवं ऊर्ध्वाधर प्रमोचन (वर्टिकल लॉन्च) के साथ क्षैतिज लैंडिंग (होरीजेंटल लैंडिंग)। इस संदर्भ में फिलिप बानो के द्वारा डिज़ाइन किया गया अंतरिक्ष यान 'हाइपरीयन' क्षैतिज प्रमोचन/ऊर्ध्वाधर लैंडिंग उदाहरण है तथा 'एक्स-20 डाइनासोर' अंतरिक्ष यान ऊर्ध्वाधर प्रमोचन, क्षैतिज लैंडिंग का उदाहरण है।

वर्ष 1960 के अंत ने स्पेस शटल की डिज़ाइन प्रक्रिया देखी। इसके प्रारंभिक दो-स्टेज वाले पुनः प्रयोज्यीय ऊर्ध्वाधर प्रमोचन/क्षैतिज लैंडिंग डिज़ाइन को और अधिक विकसित किया गया

11.3 : स्केल्ड कंपोजिट्स ने 'स्पेस शिप वन' का प्रयोग किया

जो अंत में एक पुनः प्रयोज्यीय ऑरबिटर (विस्तरणीय ड्रॉप बाह्य टैंक के साथ) और पुनः प्रयोज्यीय ठोस रॉकेट बूस्टर अंतरिक्ष यान के रूप में विकसित हुआ तथा इससे डिज़ाइन खर्चे को कम किया जा सका।

वर्ष 1970 के दौरान ऊर्ध्वाधर प्रमोचन/ऊर्ध्वाधर लैंडिंग और क्षैतिज प्रमोचन/क्षैतिज लैंडिंग एक स्टेज वाले अंतरिक्ष यानों को अंतरिक्ष में सौर ऊर्जा उपग्रहों को अंतरिक्ष में स्थापन के लिए प्रस्तावित किया गया तथा इन्हें मिलिटरी उपयोगों के लिए भी सोचा गया। बोइंग कंपनी ने भी ऊर्ध्वाधर प्रमोचन/ऊर्ध्वाधर लैंडिंग अंतरिक्ष यानों के ऊपर अध्ययन किया। रूस ने पुनः प्रयोज्यीय अंतरिक्ष यान 'बुरान' परियोजना पर कार्य किया।

आखिर में यह पाया गया कि स्पेस शटल का रखरखाव काफी महँगा कार्य था तथा यह रॉकेट प्रमोचन तंत्र से भी महँगा था। इसीलिए स्पेस शटल चैलेंज़र की दुर्घटना के बाद शटल-सैंटोर रॉकेट परियोजना स्थगित कर दी गई। साथ ही साथ इस क्षेत्र के संबंधित उपभोक्ताओं ने भी अपने-अपने नीतभारों का प्रमोचन स्पेस शटल की बजाय रॉकेटों से कराना प्रारंभ कर दिया। वर्ष 1986 में अमरीकी राष्ट्रपति रोनाल्ड रीगन ने वायुचालित स्क्रैमजेट वायुयान के निर्माण की मंजूरी दी तथा यह परियोजना वर्ष 2000 में पूरी होनी थी। इस वायुयान का नाम

था 'नैस्प/एक्स-30' जो कि एक स्टेज के द्वारा अंतरिक्ष में जाने की परियोजना थी। लेकिन कुछ तकनीकी कारणों से यह परियोजना 1993 में रद्द कर दी गई। यह अनुसंधान ब्रिटेन की पुनः प्रयोज्यीय परियोजना 'होटोल कार्यक्रम' को प्रेरित कर सकती थी, लेकिन यह भी ब्रिटिश सरकार के द्वारा इसलिए रद्द कर दी गई, क्योंकि इसमें यह पाया गया कि इसके द्वारा केवल बहुत कम भार के नीतभार ही अंतरिक्ष की कक्षा में पहुँचाए जा सकते थे।

11.4 : मैकडोनाल डगलस कंपनी ने डी.सी. - एक्स अंतरिक्ष यान का प्रयोग किया

नब्बे के दशक ने कुछ अन्य पुनः प्रयोज्यीय अंतरिक्ष यानों के विकास की दिलचस्पी देखी। डेल्टा क्लिपर के 'डीसी-एक्स' प्रोटो मॉडल ने प्रदर्शित करके दिखाया कि इस प्रकार के अंतरिक्ष यान का कंप्यूटर नियंत्रण संभव था। इसके द्वारा यह भी प्रदर्शित किया जा सका कि एक ऐसे पुनः प्रयोज्यीय अंतरिक्ष यान का निर्माण संभव है जिसके रखरखाव के लिए स्पेस शटल की भाँति विशाल मैन पॉवर की आवश्यकता नहीं है।

वर्ष 1990 का मध्य

इस अवधि में ब्रिटिश पुनः प्रयोज्यीय अंतरिक्ष यान परियोजना 'होटोल' में और अधिक सुधार किए गए तथा एक नया पुनः प्रयोज्यीय अंतरिक्ष यान 'स्काईलन' उभरकर सामने आया तथा इसमें अधिक नीतभार अंतरिक्ष में ले जाने की क्षमता थी। इस काल में कुछ बड़े-बड़े उपग्रह-पुंजों (सैटेलाइट कन्स्टेलेशन) की योजनाएँ बनीं। जैसे– 'इरीडियम' तंत्र (जिसके पुँज में 66 उपग्रह थे) जिनमें सस्ते अंतरिक्ष यानों के द्वारा अंतरिक्ष में जाने की आवश्यकता थी। उपग्रह पुँजों की परियोजनाओं ने प्राइवेट उद्योग को प्रोत्साहित किया जिनमें कुछ आंशिक रूप से पुनः प्रयोज्यीय अंतरिक्ष परियोजनाएँ शामिल थीं, जैसे–'किस्टलर' और 'रोटरी रॉकेट'।

इसी दशक के अंत में उपग्रह पुँजों की परियोजनाओं को तकनीकी और आर्थिक कारणों से ध्वस्त होते हुए भी देखा गया। नासा ने स्पेस शटल को रिप्लेश करने के लिए 'एक्स-33' और 'एक्स-34' पुनः प्रयोज्यीय परियोजनाओं को प्रारंभ किया।

इक्कीसवीं सदी

बढ़ती हुई डिज़ाइन कीमतों के कारण दोनों ही पुनः प्रयोज्यीय अंतरिक्ष यान परियोजनाओं 'एक्स-33' और 'एक्स-34' रद्द करनी पड़ी। स्पेस शटल कोलंबिया की दुर्घटना के फलस्वरूप स्पेस शटल फ्लीट काफी अर्से के लिए स्थगित (ग्राउंडेड) रहीं। इस अवधि में स्पेश शटल की रिप्लेसमेंट की आवश्यकता महसूस की जा रही थी।

पुनः प्रयोज्यीय अंतरिक्ष यानों के विकास को बढ़ावा देने के लिए 'अंसारी एक्स प्राइज' पुरस्कार प्रतिस्पर्धा प्रारंभ की गई। अनेक प्राइवेट कंपनियों ने इस प्राइज प्रतिस्पर्धा में भाग लिया तथा विजेता कंपनी थी, 'स्केल्ड कंपोजिट्स' जिसने क्षैतिज प्रमोचन/क्षैतिज लैंडिंग वाले पुनः प्रयोज्यीय अंतरिक्ष यान 'स्पेसशिप वन' का विकास किया था। यह दो सप्ताह के अंदर दो बार 150 कि.मी. की ऊँचाई तक (तीन लोगों के समतुल्य भार को लेकर) पहुँचा। इस विकसित पुनः प्रयोज्यीय अंतरिक्ष यान को 100 लाख डॉलर का पुरस्कार प्रदान किया गया। यद्यपि 'स्पेसशिप वन' एक उपकक्षी उड़ान थी (एक्स -15 की भाँति लेकिन प्राइवेट उद्योग को आशा है कि इसके आधार पर कक्षीय उड़ान वाला पुनः प्रयोज्यीय अंतरिक्ष यान विकसित किया जा सकता है। प्राइवेट प्रमोचन मार्केट में 'स्पेस एक्स' एक आंशिक रूप से पुनः प्रयोज्यीय अंतरिक्ष यान है, जिसका विकास किया जा रहा है।

पुनः प्रयोज्यीयता (रियूजेबिलिटी) संकल्पनाएँ

1. अकेली स्टेज (सिंगल स्टेज)

अकेली स्टेज के द्वारा कक्षा में पहुँचने (एस.एस.टी.ओ. सिंगल-स्टेज-टु ऑरबिट) के दो तरीके हैं। रॉकेट समीकरण के अनुसार 'एस.एस.टी.ओ.' अंतरिक्ष यान को उच्च भार अनुपात की आवश्यकता पड़ती है। भार-अनुपात का अर्थ है, पूर्ण रूप से ईंधन से भरे हुए अंतरिक्ष यान के भार को बिना ईंधन भरे अंतरिक्ष यान के भार से विभाजित करना। भार अनुपात को बढ़ाने का एक तरीका है, खाली अंतरिक्ष यान के भार को कम करना तथा इसके लिए हल्के ढाँचों और उच्च दक्षता के इंजनों का प्रयोग करना। भार-अनुपात को बढ़ाने का दूसरा तरीका है, नोदक (ईंधन अर्थात् प्रोपेलेंट) के भार को बढ़ाना तथा इसके लिए बहुत बड़े अंतरिक्ष यानों का प्रयोग करना। इसमें वर्ग-घन नियम (स्क्वॉयर-क्यूब लॉ) लागू होगा, जिसके अनुसार अंतरिक्ष यान के ढाँचे का सतही क्षेत्रफल अंतरिक्ष यान के आकार के वर्ग के घन के अनुसार बढ़ता है। लेकिन ढाँचे का भार 2 के गणक से बढ़ता है।

2. अंतरिक्ष की कक्षा में जाने के लिए दो या अधिक स्टेजों का प्रयोग

अंतरिक्ष कक्षा में जाने के लिए दो स्टेजों के प्रयोग में दो अलग-अलग अंतरिक्ष यानों के डिज़ाइन और निर्माण की आवश्यकता पड़ेगी तथा प्रमोचन के समय दोनों के बीच इंटरऐक्शन रखने की आवश्यकता पड़ेगी। प्रायः प्रमोचन यान में दूसरी स्टेज पहली स्टेज की तुलना में 5 से 10 गुना छोटी है, लेकिन कुछ संरूपणों में एक ही आकार रखा जाता है। अधिकांश तकनीकों में निष्पादन के लिए कुछ कीमत भी चुकानी पड़ती है तथा इनमें शामिल कई चीज़ें हो सकती हैं। ये आवश्यकताएँ हैं कि प्रथम स्टेज उसी नीतभार के लिए कई गुना बड़ी हो सकती है तथा इसके फायदे लैंडिंग के समय प्राप्त हो सकते हैं, लेकिन ये फायदे अल्पाकार के ही होंगे।

3. ऊर्ध्वाधर लैंडिंग

ऊर्ध्वाधर लैंडिंग के लिए (समुद्र अथवा स्थल पर) पैराशूट अथवा लैंडिंग रॉकेटों का प्रयोग किया जा सकता है। रॉकेटों के प्रयोग से सॉफ्ट लैंडिंग संभव हो सकती है। ऊर्ध्वाधर लैंडिंग के लिए एक अन्य तरीका हो सकता है, स्वचालित जाइरो अथवा हेलीकॉप्टर रोटर।

4. क्षैतिज अवस्थीय उड़ान

इसके लिए अंतरिक्ष यान में उड़ानें के लिए पंख लगाने पड़ेंगे।

5. ऊर्ध्वाधर उड़ान

परिशुद्ध रॉकेट के लिए यह एक पारंपरिक उड़ान होती है। इस प्रकार की उड़ान (टेक-ऑफ) के लिए रॉकेट सर्वोत्तम तरीका होते हैं, क्योंकि उनका प्रणोद/भार अनुपात उच्च (लगभग 100) होता है।

6. वायु प्रचालित (एयर ब्रीदिंग) तंत्र

वायु प्रचालित तरीके में आरोहण के दौरान ईंधन के तौर पर हवा का प्रयोग किया जाता है। इस संदर्भ में अत्यधिक रूप से प्रस्तावित तरीका 'स्क्रैमजेट' है, लेकिन इसके लिए टर्बोरॉकेट, द्रव हवा चक्र इंजन (लिक्विड एयर साइकल इंजन) एवं पूर्व कूल्ड इंजनों का भी प्रस्ताव है। इन सभी मामलों में जो कक्षीय गति अर्जित की जा सकती है, वह 'स्क्रैमजेट्स' के लिए 15 मैच तथा अन्य इंजनों के लिए 10 से 20 मैच हो सकती है (कक्षा में पहुँचने के लिए)।

नोदको (प्रोपेलेण्ट) का विवरण

(क) ***हाइड्रोजन ईंधन*** – पुनः प्रयोज्यीय अंतरिक्ष यानों के लिए प्रायः हाइड्रोजन (द्रव) का प्रस्ताव दिया गया है, क्योंकि इसकी निर्गम गति (एक्जॉस्ट वेलोसिटी) उच्चतम होती है; लेकिन टैंक और पंप का भार काफी ज़्यादा होता है। इसका कारण इन्सूलेशन और निम्न नोदक घनत्व है। इन सबके बावजूद हाइड्रोजन ईंधन से युक्त प्रमोचन यानों की स्टेजें पारंपरिक ईंधनयुक्त स्टेजों की तुलना में काफी अधिक हल्की होती है।

(ख) ***सघन ईंधन*** – इस प्रकार के ईंधन का प्रयोग ऊर्ध्वाधर प्रमोचन (टेक-ऑफ) अंतरिक्ष यानों के लिए प्रस्तावित किया जाता है। यह क्षैतिज लैंडिंग यानों के लिए भी सुसंगत (कापैटिबल) है, क्योंकि ईंधन से खाली समतुल्य हाइड्रोजन चालित यान की तुलना में सघन ईंधन चालित यान हल्का होता है।

(ग) ***त्रिनोदक (ट्राई प्रोपेलेंट)*** – सघन ईंधन प्रारंभिक उड़ान इष्टतम निष्पादन देता है, क्योंकि इसमें इंजन का (प्रणोद/भार) अनुपात उच्च घनत्व के कारण बेहतर होता है। इसका अर्थ यह हुआ कि अंतरिक्ष यान अधिक तेज़ी से त्वरण प्राप्त करता है और गुरुत्व ह्रास को कम करता हुआ तेज़ी से अंतरिक्ष कक्षा में पहुँच जाता है। कक्षीय गति तक पहुँचने के लिए हाइड्रोजन एक बेहतर ईंधन है,

क्योंकि उच्च निर्गम गति (एक्जॉस्ट गति) और इसके परिणामस्वरूप निम्न नोदक भार प्रमोचित (टेक-ऑफ) भार को कम कर देता है।

इसलिए त्रिनोदक प्रमोचन यान सघन ईंधन के प्रज्वलन के बाद हाइड्रोजन प्रज्वलन में तब्दील हो जाता है। स्पेस शटल के प्रमोचन में यही प्रक्रिया संपन्न होती है जिसमें प्रारंभ में ठोस ईंधन (दो रॉकेट बूस्टरों में) प्रज्वलित होता है तथा उसके दो मिनट बाद हाइड्रोजन ईंधन प्रज्वलित होता है।

नोदक कीमतें

वर्तमान के सभी प्रमोचन यानों में रॉकेट के ईंधन की कीमत उसमें प्रयुक्त हार्डवेयर से काफी कम होती है। लेकिन पुनः प्रयोज्यीय प्रमोचन यानों के मामले में यदि प्रमोचन यान सफल हो जाता है, तो हार्डवेयर का पुनः प्रयोग कई बार किया जा सकता है। इसके अतिरिक्त पुनः प्रयोज्यीय प्रमोचन यान प्रायः भारी होते हैं तथा नोदक दृष्टि से कम दक्ष होते हैं।

पुनः प्रवेश (री-एंट्री) तापीय शील्डें

जब पुनः प्रयोज्यीय अंतरिक्ष यान वापसी में पृथ्वी के वायुमंडल में प्रवेश करेगा तो घर्षण के कारण (वायुमंडलीय) इसकी बाहृय सतह काफी अधिक गर्म हो जाएगी। इसकी 'री-एंट्री' में रक्षा करने के लिए तापीय शील्डों की आवश्यकता पड़ेगी तथा स्पेस शटल में भी इन तापीय शील्डों का प्रयोग किया गया है। इस तरह की प्रस्तावित तापीय शील्डें सिरैमिक और कार्बन तापीय शील्डें हो सकती हैं और यदा-कदा धात्वीय ताप शील्डों का प्रयोग हो सकता है। धात्वीय शील्डों में जल कूलिंग तंत्र का प्रयोग आवश्यक होगा।

भार

एक पुनः प्रयोज्यीय अंतरिक्ष यान का भार निर्धारित नीतभार (पे लोड) के लिए तथा उसी भाँति के प्रयुक्त पदार्थों के लिए रॉकेट प्रमोचन यानों (एक्सपेंडेबुल व्हीकल) की तुलना में अप्रत्याशित रूप से अधिक होगा। ऐसा तभी संभव नहीं होगा यदि अंतरिक्ष यान का परिपथ उड़ान की महत्त्वपूर्ण अवधि के लिए वायु चालित (एयर-ब्रीदिंग) तकनीक का प्रयोग करती है।

अनुसंधान और विकास (रिसर्च एण्ड डूवलपमेंट)

पुनः प्रयोज्यीय अंतरिक्ष यान का अनुसंधान और विकास कार्य काफी महँगा होगा, क्योंकि किसी अंतरिक्ष यान को पुनः प्रयोज्यीय बनाने के लिए यह आवश्यक है कि इसे कई बार प्रयोग में लाए जाने के लिए काफी मज़बूत (रोबस्ट) बनाया जाए। इसके लिए अनेक प्रकार के जाँच-पड़ताल (टेस्टिंग) कार्यों की आवश्यकता पड़ेगी। मज़बूती बढ़ाने का सरल साधन होगा, भार में वृद्धि; लेकिन यह निष्पादन (परफॉरमेंस) को कम करेगा। फलतः और अधिक अनुसंधान और विकास कार्यों की आवश्यकता पड़ेगी। इस तरह के अनेक गणकों के फलस्वरूप अंतरिक्ष यान की कीमत बढ़ेगी।

रखरखाव (मेंटीनेंस)

पुनः प्रयोज्यीय अंतरिक्ष यानों में रखरखाव की बहुत अधिक आवश्यकता होती है, जो कि एक महँगा कार्य है। उड़ानों के बीच में स्पेस शटल तंत्र में रखरखाव की काफी ज़्यादा आवश्यकता होती है, जिनमें ध्यानाकर्षण के अधिक प्रमुख केंद्र होते हैं–तापीय सिलिका टाइलें और द्रव हाइड्रोजन/द्रव ऑक्सीजन से प्रज्वलित होने वाले प्रमुख इंजन। स्पेस शटल के इन दो तंत्रों में बहुत अधिक जाँच-पड़ताल की आवश्यकता होती है, जिसमें अवयवों (कंपोनेंट्स) के बदलने की भी आवश्यकता होती है। स्पेस शटल के रखरखाव का 75 प्रतिशत खर्चा इन दो प्रमुख तंत्रों पर होता है।

मैन पॉवर और लॉजिस्टिक्स

स्पेस शटल कार्यक्रम को ऑपरेशनल और सफल बनाने के लिए 9,000 कार्यकर्त्ताओं की आवश्यकता पड़ती थी। इस मैन पॉवर बजट को प्रतिवर्ष होने वाली उड़ानों की संख्या से अवश्य विभाजित किया जाए। उड़ानों की कम संख्या होने का मतलब है कि प्रति उड़ान का खर्चा बढ़ेगा। मैन पॉवर आवश्यकताओं को सीमा के अंदर रख पाना किसी भी पुनः प्रयोज्यीय तंत्र की मित्तव्ययिता का अहम पहलू है। इस प्रकार की विचारधारा के ऊपर आधारित जिन परियोजनाओं को विकसित किया गया है, उनमें शामिल हैं– 'डीसी-एक्स डेल्टा क्लिपर परियोजना' तथा वर्तमान की 'स्पेस एक्स फैल्कन-1' एवं 'फैल्कन-9' परियोजनाएँ।

कक्षीय पुनः प्रयोज्यीय प्रमोचक

(1) वर्तमान में प्रयुक्त हो चुके

(क) स्पेस शटल – यह आंशिक रूप से पुनः प्रयोज्यीय अंतरिक्ष यान था। अप्रैल 2010 तक इसकी 131 उड़ानें संपन्न हो चुकी थीं, जिनमें दो उड़ानें स्पेस शटल चैलेंज़र (उड़ान संख्या एसटीएस-51 एल) तथा स्पेस शटल कोलंबिया (उड़ान संख्या एसटीएस-107) असफल रहीं तथा दुर्घटनाओं में स्पेस शटल चैलेंज़र और कोलंबिया नष्ट हो गए। वर्ष 2011, जुलाई में स्पेस शटल रिटायर हो गए तथा भावी मानवयुक्त अंतरिक्ष मिशनों के लिए अंतरिक्ष यान 'ओरियन' विकसित किया जा रहा है।

(2) पुनः प्रयोज्यीय यानों की कुछ नियोजित योजनाएँ

(क) प्लैनेट स्पेस सिलवर डार्ट (आंशिक रूप से पुनः प्रयोज्यीय स्पेस प्लेन, हाइपर सोनिक ग्लाइडर डिज़ाइन पर आधारित)।

(ख) स्पेस एक्स फैल्कन-1 (आंशिक रूप से पुनः प्रयोज्यीय घोषित, 28 सितंबर, 2008 को टैस्ट फ्लाइट के द्वारा कक्षा में पहुँचा, लेकिन अंतरिक्ष यान व्हीकल रिकवरी का प्रदर्शन अब भी किया जाना बाकी है।

(ग) ऑरबिटल साइंस कॉर्पोरेशन कंपनी का टाउरस-II (इसकी प्रथम उड़ान भविष्य के लिए प्रस्तावित है)।

(घ) प्रतिक्रिया इंजनों वाला 'स्काईलन' (प्रस्तावित वायुचालित सिंगल स्टेज-टु-ऑरबिटर अंतरिक्ष प्लेन)

(ङ) हॉपर (प्रस्तावित पुनः प्रयोज्यीय योरोपीय प्रमोचन तंत्र)।

(च) अवतार आरएलवी (प्रस्तावित पुनः प्रयोज्यीय भारतीय प्रमोचन तंत्र–लघु नीतभारों के लिए)।

(3) ऐतिहासिक

(क) सोवियत संघ एनर्जिया-बुरान तंत्र (आंशिक रूप से पुनः प्रयोज्यीय, अब यह रद्द कर दिया गया है।

(4) पुनः प्रयोज्यीय अंतरिक्ष यानों की रद्द की जा चुकी परियोजनाएँ

(क) क्लिपर (रूसी-योरोपीय आंशिक रूप से पुनः प्रयोज्यीय अंतरिक्ष यान, जिसका प्रमोचन पहली बार 2011 के आस-पास किया जाना था। लेकिन ऐसा ज्ञात हुआ है कि रूस की एनर्जिया कंपनी अब भी इस अंतरिक्ष यान पर कार्य कर रही है तथा रूसी अंतरिक्ष कार्यक्रम की योजना इस निर्णय को रिव्यू करने की है। रिव्यू के आधार पर क्लिपर परियोजना को रद्द करके नियोजित 'सोयुज अंतरिक्ष यान' के आधुनिकृत स्वरूप को विकसित करने की योजना है।)

(ख) रोटोन कमर्शियल प्रमोचन यान (आर्थिक कारणों से रद्द कर दिया गया)।

(5) उपकक्षीय पुनः प्रयोज्यीय प्रमोचक–नियोजित

(क) आर्का स्पेस – ओरीजंट

(ख) आर्मेडिलो एरोस्पेस – ब्लैक आर्मेडिलो ऊध्वधिर टेक ऑफ अंतरक्षि यान

(ग) कनेडियन एरो

(घ) दी विंकी प्रोजेक्ट – वाइल्ड फायर मार्क-VI

(ङ) मैस्टेन अंतरिक्ष तंत्र – एक्स ए 1.0

(च) पैब्लो डे लेओन एंड एसोसिएट्स – गौचीटो

(छ) रॉकेट प्लेन लिमिटेड, इनकार्पोरेशन – रॉकेट प्लेन एक्स पी

(ज) स्पेस एडवेंचर्स – एक्सप्लोरर्स

(झ) स्टारचेज़र इंडस्ट्रीज – स्टारचेज़र-V- थंडर स्टार

(ञ) टीजीवी रॉकेट्स

(ट) स्पेसशिप कंपनी – स्पेसशिप टू

(ठ) पुनः प्रयोज्यीय अंतरिक्ष यान टैस्टिंग, जापानी अंतरिक्ष अन्वेषण संस्था (जाक्सा) की परियोजना

(6) ऐतिहासिक

(क) नॉर्थ अमेरिकन एक्स-15

(ख) स्केल्ड कंपोजिट्स कंपनी का 'स्पेसशिप वन'

पुनः प्रयोज्यीय और अन्य अंतरिक्ष यानों की वर्तमान स्थिति

विश्व का प्रथम पुनः प्रयोज्यीय अंतरिक्ष यान स्पेस शटल 12 अप्रैल, 1981 से लेकर 21 जुलाई, 2011 तक ऑपरेशनल रहा। स्पेस शटल के रिटायरमेंट के बाद पैदा हुई रिक्तता को भरने के लिए विश्व में अनेक प्रकार के अंतरिक्ष यानों का विकास बहुत पहले से ही प्रारंभ हो चुका है तथा इनकी अनेक उड़ानें संपन्न भी हो चुकी है। विश्व में प्रयुक्त आज की तिथि तक के समस्त अंतरिक्ष यानों का विवरण सरणी- 11.1 में दिया गया है।

सारणी–11.1

अब तक प्रयुक्त किए जा चुके अंतरिक्ष यान

मानवयुक्त

क्र.सं.	अंतरिक्ष यान का नाम	उड़ानों की संख्या	अंतरिक्ष में बिताया गया समय				
			दिन		घं.		मि.
रूस/सोवियत संघ							
1.	वोस्टोक	6	15	:	22	:	22
2.	वोस्खोद	2	02	:	02	:	20
3.	सोयुज	39	954	:	02	:	01
4.	सोयुज - टी	14	1,028	:	19	:	46
5.	सोयुज - टीएम	33	5,597	:	12	:	47
6.	सोयुज - टीएमए	21	3,860	:	13	:	14
7.	सोयुज - टीएमएएम	2	306	:	12	:	31
	कुल योग	**117**	**11,765**	**:**	**12**	**:**	**58**

अमरीका

1.		मर्करी	6	02	:	05	:	56
2.		जैमिनी	10	40	:	09	:	51
3.		अपोलो	15	284	:	20	:	44
4.	स्पेस शटल	कोलंबिया	28	300	:	18	:	07
5.	स्पेस शटल	चैलेंज़र	9	62	:	08	:	04
6.	स्पेस शटल	डिस्कवरी	39	364	:	23	:	04
7.	स्पेस शटल	अटलांटीस	33	306	:	13	:	31
8.	स्पेस शटल	एंड्यौर	25	296	:	03	:	44

स्पेस शटल का योग

(चैलेंज़र दुर्घटनाग्रस्त उड़ान शामिल नहीं है) 134.............. 1330:10:28

कुल योग 165.............. 1658:06:58

चीन

		घ. मि. सै.
1.	शेंज..............................3	08: 13: 24
	कुल योग........................3	08: 13: 24

मानवरहित

1.	प्रोग्रेस (रूस/सोवियत संघ)	137	(20.01.1978 से 30.10.2011 तक)
2.	एच-II ट्रांसफर व्हीकल (जापान)	2	(सितंबर 2009 एवं जनवरी 2011 में प्रमोचित)
3.	ऑटोमैटेड ट्रांसफर व्हीकल (योरोपीय अंतरिक्ष संस्था)	2	(मार्च 2008 एवं फरवरी 2011 में प्रमोचित)

12

स्पेस शटल आधारित नासा और विश्व का सबसे शक्तिशाली अंतरिक्ष प्रमोचन रॉकेट 'एसएलएस' (स्पेस लॉन्च सिस्टम)

वर्ष 2011 में 14 सितंबर को नासा के प्रशासक चार्ल्स बोल्डेन और अमरीकी कांग्रेस के अनेक सदस्यों ने नासा के अगले शक्तिशाली प्रमोचन रॉकेट 'एसएलएस' (स्पेस लॉन्च सिस्टम) के निर्माण की घोषणा की जिसके द्‌वारा मानव को क्षुद्र ग्रहों तथा अंत में मंगल ग्रह तक ले जाया जा सकेगा। इतिहास के सबसे शक्तिशाली रॉकेट के रूप में नया प्रमोचन तंत्र 'एसएलएस' रॉकेट स्पेस शटल तथा कन्स्टेलेशन कार्यक्रम के लिए विकसित और सिद्‌धहस्त (प्रोवेन) तकनीकों का प्रयोग करेगा जो विकसित करने के तथा प्रचालन के खर्चे को कम करेगा। 30 मंज़िल ऊँचाई वाला रॉकेट पाँच स्पेस शटल प्रमुख इंजनों एवं ऊपरी स्टेज के लिए उच्च कोटि के 'जी-2 एक्स' इंजन के साथ द्रव हाइड्रोजन और द्रव ऑक्सीजन नोदन तंत्र का प्रयोग करेगा। 'एसएलएस' रॉकेट की प्रारंभिक वहन क्षमता 70 मीट्रिक टन होगी जो बाद में 130 मीट्रिक टन तक बढ़ा दी जाएगी। नासा प्रशासनिक चार्ल्स बोल्डेन के अनुसार, ''यह प्रमोचन तंत्र अमरीका में अच्छे-अच्छे जॉब्स (नौकरियों) को बढ़ाएगा तथा विश्व के लाखों लोगों को प्रेरणा प्रदान करेगा। राष्ट्रपति ओबामा ने हमें साहसी बनने और बड़ा सपना देखने की सलाह दी थी और नासा में हम ठीक वही कर रहे हैं। मुझे गर्व है कि मुझे स्पेस शटल से अंतरिक्ष यात्रा करने का सौभाग्य प्राप्त हुआ, लेकिन (इस नवीन अंतरिक्ष प्रमोचन तंत्र से) अब हमारे बच्चे एक दिन मंगल ग्रह में घूमने का सपना देख सकते हैं।''

'एसएलएस' रॉकेट का उद्‌देश्य

'कन्स्टेलेशन कार्यक्रम' के रद्‌द किए जाने के बाद स्पेस लॉन्च सिस्टम ('एसएलएस') रॉकेट का प्रमुख उद्‌देश्य स्पेस शटल को रिप्लेस करना है। विश्व का प्रथम रियूज़ेबल प्रमोचन यान स्पेश शटल 135 मानवयुक्त अंतरिक्ष उड़ानों को पूरा करने के बाद 21 जुलाई, 2011 को रिटायर हो गया। प्रस्तावित 'एसएलएस' रॉकेट मूल रूप से ख्यातिपूर्ण 'सैटर्न-5' रॉकेट बूस्टर से मिलता-जुलता है तथा विशिष्ट रूप से

12.1 : स्पेस शटल की तकनीकी पर आधारित प्रमोचन रॉकेट स्पेस लॉन्च सिस्टम (एस.एल.एस.)

इसे दो स्टेज वाला 'सैटर्न आईएनटी-20' रॉकेट कहा जा सकता है। प्रारंभिक डिज़ाइन के अनुसार, इसमें स्पेस शटल के प्रमुख इंजनों (आरएस-25) एवं स्पेस शटल के ठोस रॉकेट बूस्टरों का प्रयोग किया जाएगा तथा बाह्य टैंक का डिज़ाइन वही रहेगा। इस डिज़ाइन में कन्स्टेलेशन कार्यक्रम के 'एरीस-5' प्रमोचन रॉकेट की तुलना में कम विकास समय लगेगा। 24 मई, 2011 को नासा ने घोषित किया कि कन्स्टेलेशन कार्यक्रम के अंतर्गत 'ओरियन' अंतरिक्ष यान का विकास 'एमपीसीवी' (बहुउद्देश्यीय अंतरिक्ष यात्री व्हीकल) नाम से किया जा रहा है।

सितंबर, 2011 में नासा ने 'एसएलएस' के संरूपण की घोषणा की। प्रारंभिक उड़ानों में इसकी कोर का व्यास 8.4 मीटर होगा, जिसमें तीन 'आरएस-25डी/ई' इंजन होंगे, 8.4 मीटर की ऊपरी स्टेज होगी जिसमें 'जे-2 एक्स इंजन' और दो 'ए टी के' ठोस रॉकेट बूस्टर होंगे। बाद के स्वरूपों में पाँच 'आरएस-25डी/ई' इंजन तथा बूस्टरों के साथ अपग्रेडिंग की जाएगी। अपग्रेडेड बूस्टरों का चयन स्पर्धात्मक प्रक्रिया के द्वारा किया जाएगा। एरोजेट कंपनी ने 17 जून, 2011 को टेलीडाइन ब्राउन कंपनी के साथ एक सामयिक भागीदारी की घोषणा की जिसके अंतर्गत 'एनके-33' इंजन के घरेलू स्वरूप का विकास और उत्पादन किया जाना है तथा यह समुद्र तल स्तर पर 2.2 मेगा न्यूटन प्रणोद पैदा करेगा। यह बूस्टर शटल आधारित ठोस रॉकेट बूस्टरों ('एसएलएस' प्रमोचन रॉकेट के लिए) से प्रतिस्पर्धा लेगा। 14 सितंबर, 2011 को नासा ने घोषित किया कि उसने नए 'स्पेस लॉन्च सिस्टम' का डिज़ाइन चुन लिया है।

कार्यक्रम का खर्च

सितंबर 2011 में संयुक्त सीनेट-नासा प्रस्तुतीकरण के दौरान इस बात की चर्चा हुई कि 'एसएलएस' के विकसित करने में 2017 तक 18 बिलियन डॉलर का खर्च आएगा जिसमें 10 बिलियन डॉलर 'एसएलएस' रॉकेट के लिए होगा, छह बिलियन डॉलर ओरियन बहुउद्देश्यीय अंतरिक्ष यात्री व्हीकल (मल्टी-परपज क्रयू व्हीकल) पर तथा दो बिलियन डॉलर प्रमोचन पैड की अपग्रेडिंग के लिए एवं कैनेडी अंतरिक्ष केंद्र में अन्य सुविधाओं को प्रदान करने के लिए खर्च किया जाएगा। नासा के अनुमान के अनुसार, 'एसएलएस' कार्यक्रम का कुल खर्च वर्ष 2025 तक चार प्रमोचनों (प्रत्येक 70 मीट्रिक टन प्रमोचन जिसमें शामिल हैं, 2017 में एक मानवरहित प्रमोचन तथा वर्ष 2021 के प्रारंभ में तीन मानवयुक्त प्रमोचन) के लिए कम से कम 41 बिलियन डॉलर होगा। 130 मीट्रिक टन प्रमोचन तंत्र वर्ष 2030 तक तैयार होगा। अगस्त और 2011 में अमरीकी रिप्रज़ेंटेटिव डैना रोहर बैचर ने कहा कि 'एसएलएस' का बजट चंद्रमा अथवा क्षुद्र ग्रह के लिए मानवयुक्त सस्ते, तीव्र एवं अधिक सरल वैकल्पिक प्रमोचन आर्किटेक्चर' के विकास के प्रदर्शन के ऊपर खर्च किया जाएगा जिसमें वर्ष 2024

में 64 बिलियन डॉलर तथा 2029 में 143 बिलियन डॉलर खर्चे का अनुमान है। कार्यक्रम के खर्च के संबंध में नासा के डिपुटी एडमिनिस्ट्रेटर, लोरी गार्वर ने कहा, ''नासा राष्ट्रपति के निर्देशों के अनुसार डीप अंतरिक्ष अन्वेषण के लक्ष्यों को प्राप्त करने की दिशा में आर्थिक दृष्टि से वहन किए जा सकने वाले प्रयासों पर कार्य कर रहा है। 'स्पेस लॉन्च सिस्टम' और अंतरिक्ष यान 'ओरियन' अनुबंधों में हम व्यवसाय और परियोजना हैंडलिंग के नए तरीके अपना रहे हैं जिससे लाखों डॉलर की बचत होगी।''

'एसएलएस' प्रमोचन रॉकेट के तकनीकी गणक सारणी-12.1 में दिए गए हैं।

सारणी–12.1

'एसएलएस' (स्पेस लॉन्च सिस्टम) रॉकेट के विभिन्न तकनीकी गणक

1. कार्यप्रणाली	:	प्रमोचन व्हीकल (रॉकेट)
2. संबद्‌ध देश	:	अमरीका
3. रॉकेट का व्यास	:	8.4 मीटर
4. स्टेजों	:	2 (एवं स्ट्रैप-ऑन बूस्टर)
5. भार वहन क्षमता	:	70,000 कि.ग्रा. से 1,29,000 कि.ग्रा. (पृथ्वी की निम्न कक्षा में)
6. प्रमोचन इतिहास		
(क) वर्तमान स्थिति	:	जाँच और अध्ययन के दौर में
(ख) प्रमोचन स्थल	:	प्रमोचन पैड 'एलसी-39' कैनेडी अंतरिक्ष केंद्र, फ्लोरिडा
(ग) प्रथम उड़ान	:	2017
7. बूस्टर (स्टेज-0) - ठोस रॉकेट बूस्टर		
(क) बूस्टरों की संख्या	:	2
(ख) इंजन	:	1 ठोस
(ग) प्रणोद	:	12.5 मेगा न्यूटन (प्रत्येक), पृथ्वी से उड़ान भरते समय
8. विशिष्ट आवेग (स्पेसिफिक इंपल्स)	:	269 सै.
9. प्रज्वलन समय	:	124 सै.
10. ईंधन	:	ठोस

उपयोगिता की दृष्टि से वर्तमान के प्रस्तावित 'एसएलएस' के संदर्भ मिशनों की सूची एवं समय

1. अंतर्राष्ट्रीय अंतरिक्ष स्टेशन (आईएसएस) के लिए बैक अप अंतरिक्षयात्री दल को स्टेशन पर पहुँचाना 'एसएलएस' के एक अकेले प्रमोचन मिशन के द्‌वारा (चार अंतरिक्ष यात्री क्षमता के साथ)। यह

ब्लॉक-1 'एसएलएस'/ओरियन-'एमपीसीवी' योजना के तहत पूरा किया जाएगा, जिसमें अंतरिम क्रायोजेनिक नोदन तंत्र (आईसीपीएस) का प्रयोग नहीं किया जाएगा (अंतरिक्ष स्टेशन के लिए) यदि व्यावसायिक अंतरिक्ष यात्री विकास कार्यक्रम कार्यान्वित नहीं हो पाता है।

2. पृथ्वी की कक्षा के बाहर मानवरहित चंद्र फ्लाई-बाई (समीप से गुजरना) मिशन अथवा एसएलएस-1 का 66 टन लिफ्ट भार के साथ छह से आठ दिवसीय चंद्रमा के चारों ओर जाने का चंद्र मिशन।
3. 66 टन के लिफ्ट भार के साथ 12 से 14 दिवसीय मानवयुक्त मिशन, जिसमें चार दिन चंद्र कक्षा में बीतेंगे।
4. भू स्थिर समीप कक्षीय मिशन – यह एक द्विव-प्रमोचन मिशन होगा, जिसमें 180 दिवस भू स्थिर कक्षा में गुजरेंगे। दोनों ही प्रमोचनों में लिफ्ट भार 110 टन होगा। दूसरा प्रमोचन 'स्पेस लॉन्च सिस्टम' का क्रायोजेनिक नोदन तंत्र और ओरियन बहुउद्देश्यीय अंतरिक्ष यात्री व्हीकल के साथ होगा।
5. कुछ चंद्र मिशन, जो निम्न चंद्र कक्षीय एवं चंद्र सतह मिशन होंगे। प्रथम दो मिशन 'एसएलएस' के होंगे, जिनमें लिफ्ट-ऑफ भार क्रमशः 90 टन और 95 टन होगा।

सारणी-12.2 में 'स्पेस लॉन्च' रॉकेट की प्रस्तावित प्रमोचन तिथियाँ दी गई हैं।

कन्स्टेलेशन कार्यक्रम

यह अमरीकी अंतरिक्ष संस्था नासा का मानवयुक्त अंतरिक्ष कार्यक्रम था। इस कार्यक्रम के प्रारंभिक लक्ष्यों में पृथ्वी के बाह्य पर्यावरण से दूर मानवयुक्त अंतरिक्ष मिशन को प्रचालित करने के लिए समुचित अनुभव प्राप्त करना था, स्पेस फ्रंटियर को खोलने के लिए विभिन्न प्रकार की तकनीकों को विकसित करना तथा मूलभूत विज्ञान के विभिन्न परीक्षण करना था।

कन्स्टेलेशन कार्यक्रम का प्रारंभ तत्कालीन नासा प्रशासक सियन कैफे के नेतृत्व में "विज़न फॉर स्पेस एक्सप्लोरेशन (अंतरिक्ष अन्वेषण की दूरदृष्टि)" को लक्ष्य में रखकर प्रारंभ किया गया। इसके अंतर्गत अनेक विकास कार्य भी प्रारंभ कर दिए गए थे। वर्ष 2005 में संशोधित कन्स्टेलेशन कार्यक्रम के अंतर्गत यह योजना बनाई गई कि इसके अंतर्गत पहले अंतरिक्ष यात्रियों को अंतर्राष्ट्रीय अंतरिक्ष स्टेशन 'अल्फा' में भेजा जाए तथा उसके बाद अंतरिक्ष यात्रियों को चंद्रमा और मंगल ग्रह को भेजा जाए और लक्ष्य उसके और बाहर का भी हो।

राष्ट्रपति बराक ओबामा ने 1 फरवरी, 2010 को इस कार्यक्रम को एक अन्य प्रस्ताव के तहत रद्द कर दिया। बाद में नए प्रस्ताव के तहत सितंबर 2011 में नए प्रमोचन रॉकेट–'स्पेस लॉन्च सिस्टम' (एसएलएस) के विकास की घोषणा की।

सारणी–12.2
'स्पेस लॉन्च सिस्टम' रॉकेट की प्रचलन तिथियाँ

1.	एसएलएस - 1	:	दिसंबर 2017, इसके द्‌वारा चंद्रमा के चारों ओर चक्कर लगाने के लिए ओरियन⁄'एमपीसीवी' मानवरहित अंतरिक्ष यान का भेजना।
2.	एसएलएस - 2	:	अगस्त 2019, चंद्रमा का चक्कर लगाने के लिए मानवयुक्त ओरियन⁄'एमपीसीवी' अंतरिक्ष यान भेजना।
3.	एसएलएस - 3	:	अगस्त 2022
4.	एसएलएस - 4	:	अगस्त 2023
5.	एसएलएस - 5	:	अगस्त 2024, 'एसएलएस' रॉकेट का प्रथम कार्गो संरूपण प्रमोचित।
6.	एसएलएस - 6	:	अगस्त 2025, मानवरहित 'अन्वेषण' मिशन
7.	एसएलएस - 7	:	अगस्त, 2026, कार्गो प्रमोचन
8.	एसएलएस - 8	:	अगस्त 2027, मानवयुक्त प्रमोचन
9.	एसएलएस - 9	:	अगस्त 2028, कार्गो प्रमोचन
10.	एसएलएस - 10	:	अगस्त 2029, मानवयुक्त प्रमोचन
11.	एसएलएस - 11	:	अगस्त 2030, नया संरूपण, कार्गो प्रमोचन
12.	एसएलएस - 12	:	अगस्त 2031, मानवयुक्त प्रमोचन
13.	एसएलएस - 13	:	अगस्त 2032, नया संरूपण, कार्गो प्रमोचन

'एसएलएस' प्रमोचन रॉकेट के कुछ रोचक तथ्य

ये तथ्य इस प्रकार हैं –

1. विशालतम, अत्यधिक दक्ष रॉकेट का पहली बार निर्माण पूर्णरूपेण नवीनतम मानव अन्वेषण मिशनों (पृथ्वी से बाहर की कक्षा के लिए) के लिए किया जाएगा।
2. इसका डिज़ाइन सुलभ है और अंतरिक्ष यात्री दल और कार्गो मिशनों के लिए उपयोगी होगा।
3. सुरक्षित रॉकेट, जो अमरीकी अंतरिक्ष अन्वेषण को एक नई दिशा प्रदान करेगा। कुछ तुलनात्मक विश्लेषण निम्न हैं –

'एसएलएस' की प्रारंभिक क्षमताएँ	*'एसएलएस' की बाद में विकसित महत्त्वपूर्ण क्षमताएँ*
(क) आज के प्रमोचन यानों की तुलना में दुगुनी	(क) किसी भी भूत, भविष्य या भावी प्रमोचन यान की तुलना में कहीं अधिक
(ख) आकार और पृथ्वी से उठने के समय भार 55 लाख पौंड, 25 पूर्ण रूप से लोडेड, '747' जंबो जेट के समतुल्य ऊँचाई - 320 फुट अर्थात् 'स्टैचू ऑफ लिबर्टी' से भी ऊँचा	65 लाख पौंड, 29 पूर्ण रूप से लोडेड, 747 जंबो जेट के समतुल्य, कार्गो आयतन - यह नौ स्कूल बसों को ले जा सकेगा। ऊँचाई - 400 फुट अर्थात् 40 मंज़िली इमारत
(ग) **नीतभार** 70 मीट्रिक टन (कक्षा में) 77, एक टन पिकअप कार्गो जो 12 बड़े हाथियों के समतुल्य है।	130 मीट्रिक टन (कक्षा में), 143, एक टन पिकअप कार्गो जो 21 बड़े हाथियों के समतुल्य है।
(घ) **प्रणोद/पॉवर** (1) लिफ्ट-ऑफ के समय 84 लाख पौंड प्रणोद का जनन जो एक '747 जंबो जेट' के द्वारा जनित प्रणोद का 31 गुना है।	(1) लिफ्ट ऑफ के समय 92 लाख पौंड प्रणोद का जनन जो एक '747 जंबो जेट' के द्वारा जनित कुल प्रणोद का 34 गुना है।
(2) 1,60,000 कार्वेट इंजनों अथवा 13,400 रेल इंजनों के समतुल्य हॉर्सपॉवर का जनन।	(2) 2,08,000 कार्वेट इंजनों अथवा 17,400 रेल इंजनों के समतुल्य जनित हॉर्सपॉवर जनन।
(3) विख्यात शक्तिशाली सैटर्न-5 प्रमोचन रॉकेट की तुलना में 10 प्रतिशत अधिक प्रणोद (लिफ्ट ऑफ के समय)।	(3) सैटर्न-5 की तुलना में 20 प्रतिशत अधिक प्रणोद (लिफ्ट ऑफ के समय)।

'एसएलएस' प्रमोचन रॉकेट, रॉकेट विज्ञान की एक उच्च कोटि की मिशाल

'एसएलएस' प्रमोचन रॉकेट की प्रथम स्टेज में पाँच 'आरएस-25 डी/ई इंजन' होंगे। बूस्टर स्टेज में दो ठोस रॉकेट बूस्टर होंगे। दूसरी स्टेज में 'जे-2 एक्स' इंजन होंगे। प्रथम स्टेज के पाँच इंजन स्पेस शटल कार्यक्रम से लिए गए हैं। ये पाँच इंजन द्रव हाइड्रोजन और द्रव ऑक्सीजन को एक साथ दहन के लिए मिक्स करेंगे। ठोस बूस्टर मोटर प्रारंभ में स्पेस शटल ठोस रॉकेट बूस्टरों की डिज़ाइन पर निर्मित किए जाएँगे। ये मोटर एक ठोस इंजन 'अमोनियम परक्लोरेट कंपोजिट नोदक' का प्रयोग करते हैं। दूवितीय स्टेज इंजन, 'जे-2' एक्स' एक द्रव हाइड्रोजन और द्रव ऑक्सीजन ईंधन वाला इंजन है। यह 'जे-2 इंजन के डिज़ाइन पर आधारित है, जिसका प्रयोग अपोलो परियोजना में प्रयुक्त सैटर्न-5 रॉकेट की दूवितीय स्टेज में किया गया था तथा इसका प्रयोग 'सैटर्न-6बी' रॉकेट में भी किया जा चुका है। सैटर्न-6बी, रॉकेट का प्रयोग अपोलो अंतरिक्ष यान को पृथ्वी की कक्षा से निकालकर ट्रांस-चंद्र कक्षा में प्रविष्ट कराने के लिए किया गया था। द्रव आधारित तंत्रों को इंजन तथा ठोस

12.2 : अमरीकी सीनेटर बेन नेल्सन और नासा प्रशासक एक प्रेस कॉन्फ्रेन्स में स्पेस लॉन्च सिस्टम रॉकेट की जानकारी देते हुए (14 सितंबर, 2011 को)

इंधन आधारित तंत्रों को मोटर कहते हैं; प्रश्न उठता है कि पृथ्वी से उठने के लिए इतने प्रणोद की क्या आवश्यकता है? सौभाग्यवश रॉकेट वैज्ञानिकों ने इन सब बातों का संकेत 100 वर्ष पहले ही दे दिया था तथा इन सबके अंतः में एक समीकरण छिपा हुआ है, जिसे 'सिवोल्कोवोस्की रॉकेट समीकरण' कहते हैं। सौभाग्य से हम इन चीज़ों को एक पुस्तक में देख सकते हैं तथा इन्हें पुनः डेराइव करने की आवश्यकता नहीं है। मोटे तौर पर यह समीकरण यह बताता है कि अंतरिक्ष की कक्षा में एक नीतभार को पहुँचाने के लिए आपको बहुत सारा ईंधन और बहुत सारा प्रणोद चाहिए। प्रमोचन पैड पर आपको रॉकेट, नीतभार और संपूर्ण ईंधन को गतिजता प्रदान करने की आवश्यकता पड़ती है। 'एसएलएस' जैसे मल्टी स्टेज रॉकेट का जब प्रमोचन किया जाता है, तो प्रमोचन प्रक्रिया के दौरान आप रॉकेट के कुछ निष्क्रिय हो गए अवयव गिराते जाते हैं तथा एक इंजन के निष्क्रिय होने के साथ दूसरे इंजन 'टेक ओवर' करते जाते हैं और निष्क्रिय अवयव भार गिरता जाता है। इस प्रकार का संतुलन विशाल तंत्र में ठीक तरह से बैठाना (और वह भी ऐसे तंत्र में जो 17,000 मील प्रति घंटे की गति से गतिजता में हो) तथा समुद्र स्तर दाब परिस्थिति से अंतरिक्ष की निर्वात परिस्थिति तक पहुँचकर कार्यशील रहना निस्संदेह, बहुत मुश्किल काम है। इसीलिए 'रॉकेट विज्ञान' आज के युग में नोदन इंजीनियरिंग फील्ड है तथा यही मान्यता नोदन तंत्र क्षेत्र के विशेषज्ञों की भी है।

'एसएलएस' प्रमोचन रॉकेट के ऊपर एयरोस्पेस कंपनी के एक्जीक्यूटिव नॉर्म ऑगस्टाइन का एक साक्षात्कार

यह साक्षात्कार नॉर्म ऑगस्टाइन की ह्यूस्टन विजिट के अवसर पर लिया गया था। उस साक्षात्कार के कुछ अंश यहाँ प्रस्तुत हैं।

प्रश्न : नासा एवं कांग्रेस ने संयुक्त रूप से भारी लिफ्ट रॉकेट एवं स्पेस कैप्सूल की घोषणा कर दी है। क्या आप समझते हैं कि यह कार्यप्रद होगी ?

आगस्टाइन : मुझे इसके ऊपर किसी प्रकार के विस्तृत अभियांत्रिकी विश्लेषण करने का सौभाग्य नहीं प्राप्त हुआ। इसलिए मुझे नहीं पता है कि यह काम करेगा या नहीं। लेकिन ऐसा लगता है कि इसको पर्याप्त फंड प्रदान किया जाना चाहिए।

प्रश्न : आपको क्या इस बात की चिंता सता रही है कि कहीं यह भी कन्स्टेलेशन कार्यक्रम की भाँति की योजना न हो जिसे आपकी कमेटी ने रद्द किया था।

आगस्टाइन : मैं इसके (एसएलएस) डिज़ाइन तथा लाभ-हानि से ज़्यादा अवगत नहीं रहा हूँ। यदि यह रॉकेट अंत में 130 मीट्रिक टन की वहन क्षमता रखता है अथवा यदि यह प्रति मिशन समुचित लॉजिकल खर्च दर्शाता है अथवा यदि सरकार इसे दीर्घकालीन फंडिग प्रदान करती है, तो मैं इसके साथ हूँ।

प्रश्न : ह्यूस्टन में जॉन्सन अंतरिक्ष केंद्र के भविष्य पर काफी चर्चा है, विशेषकर स्पेस शटल कार्यक्रम के स्थगन के बाद। क्या इस शहर की स्थिति अब भी मानवयुक्त अंतरिक्ष उड़ान के ध्रुव के रूप में बनी हुई है?

आगस्टाइन : समय बदलता रहता है, ह्यूस्टन भी बदेलगा तथा भूतकाल में भी यही होता आया है। एक समय हमने रेल पथ का प्रयोग किया तथा बाद में कार्गो और अंतरिक्ष यात्रियों को पृथ्वी की निम्न कक्षा में पहुँचाया और यह सब करके हमने दिखा दिया है। मैं सोचता हूँ कि ह्यूस्टन को भी वैसा ही सोचना पड़ेगा तथा यह मनुष्यों को क्षुद्र ग्रहों तथा मंगल ग्रह के चंद्रमाओं 'फोबोस' एवं 'डीमोस' तक पहुँचाने के लिए यह लीडिंग लॉन्च केंद्र बनेगा। इस संदर्भ में दशकों के लिए ह्यूस्टन मानवयुक्त अंतरिक्ष उड़ान का केंद्रबिंदु रहेगा।

प्रश्न : प्राइवेट सैक्टर में आपका काफी योगदान रहा है। क्या आपको व्यावसायिक अंतरिक्ष उड़ान कंपनियों के ऊपर वर्ष 2016 तक या उसके आस-पास अंतरिक्ष कक्षा में मानवयुक्त उड़ान सुविधा पहुँचा सकने की सामर्थ्य के ऊपर विश्वास है?

आगस्टाइन : लोग प्रायः भूल यह जाते हैं कि नासा का हार्डवेयर उद्‌योग जगत्‌ के द्‌वारा निर्मित किया गया है न कि नासा के द्‌वारा, लेकिन ऐसा भी नहीं है कि इस धंधे में केवल उद्‌योग जगत्‌ ही लाभ में रहा हो तथा वही यह कहने की स्थिति में हो कि हम अंतरिक्ष कक्षा में मानव को ले जा रहे हैं। दोनों का ही फायदा है। उन्होंने (उद्‌योग जगत्‌ ने) ओवरहेड कीमतों को कम किया है तथा उनके पास करने के लिए अनेक नई चीज़ें हैं।

13

शटल अभियानों में महिलाओं की भूमिका

अंतरिक्ष मिशनों के द्वारा 56 महिलाओं ने अंतरिक्ष की यात्रा की। इन 56 महिलाओं में 46 महिलाएँ अमरीका की, तीन महिलाएँ सोवियत संघ/रूस की, दो महिलाएँ कनाडा की, एक महिला फ्रांस की, दो महिलाएँ जापान की, एक कोरिया की तथा एक महिला ब्रिटेन की थी। 56 महिलाओं में 49 महिलाओं ने स्पेस शटल से यात्रा की। 46 अमरीका महिला अंतरिक्ष यात्रियों में केवल दो ही महिला अंतरिक्ष यात्री हैं जिन्होंने स्पेस शटल से यात्रा नहीं की तथा ये महिलाएँ है–शैनन वाकर तथा इरानी मूल की अमरीकी अंतरिक्ष यात्री अनोसेह अंसारी। रूस/सोवियत संघ की एक ही महिला अंतरिक्ष यात्री एलेना कोंडाकोवा हैं जिन्होंने शटल से यात्रा की। कनाडा की दो ही महिला अंतरिक्ष यात्री हैं–राबर्टा बॉण्डर तथा जूली पेयटे जो स्पेस शटल की पैसेंजर रह चुकी हैं। इसी प्रकार जापान की दो महिला अंतरिक्ष यात्रियों–मुकाई चियाकी एवं नाओको यामाजाकी ने भी स्पेस शटल से यात्रा की है। स्पेस शटल अभियानों में महिलाओं ने काफी महत्त्वपूर्ण भूमिकाएँ अदा की है। एलीन कॉलिंस स्पेस शटल की प्रथम महिला पायलट एवं कमांडर रह चुकी हैं। स्पेस शटल की द्वितीय महिला कमांडर पामेला मेलर्वाय हैं। स्पेस शटल के द्वारा अंतरिक्ष में जाने वाली प्रथम महिला एवं प्रथम अमरीकी महिला सैली राइड हैं। स्पेस शटल से अंतरिक्ष में

13.1 : स्पेस शटल की प्रथम महिला कमांडर एलीन कॉलिंस

13.2 : स्पेस शटल की द्वितीय महिला कमांडर पामेला मेलरवाय

स्पेस वॉक करने वाली प्रथम महिला कैथरीन सुलीवान हैं। स्पेस शटल की प्रथम नीतभार विशेषज्ञ ह्यूज़ेज़ मिली फुलफोर्ड हैं। स्पेस शटल के द्वारा अंतरिक्ष में जाने वाली प्रथम कनाडा की महिला राबर्टा बॉण्डर हैं। शटल के द्वारा अंतरिक्ष में जाने वाली प्रथम अफ्रीकन-अमरीकी महिला मॉय जेमिसन हैं।

विश्व अंतरिक्ष अन्वेषण इतिहास में केवल एक ही शादीशुदा जोड़ा है, जो एक साथ केवल स्पेस शटल के द्वारा अंतरिक्ष में गया। यह जोड़ा था, पति मार्क सी. ली. तथा पत्नी जैन डेविश जो शटल उड़ान एसटीएस-47 के द्वारा अंतरिक्ष में गया। शटल के द्वारा अंतरिक्ष में जाने वाली प्रथम जापानी महिला चियाकी मुकाई तथा द्वितीय महिला नाओको यामाजाकी थीं। वैसे तो कई माँएँ भी अंतरिक्ष में जा चुकी हैं, लेकिन स्पेस शटल के द्वारा अंतरिक्ष में जाने वाली प्रथम माँ अन्ना फिशर थीं। शटल के द्वारा अंतरिक्ष में जाने वाली प्रथम जापानी माँ भी नाओको यामाजाकी है। स्पेस शटल के द्वारा अंतरिक्ष में जाने वाली प्रथम हिस्पैनिक महिला एलेन ओकोआ थीं। केवल एक ही रूसी/सोवियत महिला हुई हैं, जो शटल के द्वारा अंतरिक्ष यात्रा कर चुकी हैं। ये महिला हैं, येलेना वी कोंडाकोवा। स्पेस शटल की द्वितीय महिला पायलट सुसान स्टिल किलरेन थीं। स्पेस शटल की 30 वर्ष तीन महीने की कुल लम्बी प्रचालन अवधि में केवल दो ही दुर्घटनाएँ हुई हैं–28 जनवरी 1986 को स्पेस शटल चैलेंज़र तथा 1 फरवरी, 2003 को स्पेस शटल कोलंबिया की दुर्घटना तथा इन दोनों उड़ानों के द्वारा चार महिला अंतरिक्ष यात्रियों क्रिस्टा मैकाफी एवं जूडिथ रेसनिक (चैलेंज़र दुर्घटना) एवं कल्पना चावला और लॉरिल क्लार्क (कोलंबिया दुर्घटना) की मृत्यु हो गई।

अंतर्राष्ट्रीय अंतरिक्ष स्टेशन 'अल्फा' की प्रथम महिला कमांडर पेग्गी ह्टिसन दो बार स्पेश शटल से यात्रा कर चुकी हैं। स्पेस शटल में जाने वाला प्रथम 'टीचर इन स्पेस' महिला अंतरिक्ष यात्री क्रिस्टा मैकाफी थीं, लेकिन चैलेंज़र शटल की दुर्घटना के कारण उनका यह सपना पूरा नहीं हो सका। उनके इस सपने को पूरा किया महिला अंतरिक्ष यात्री बारबरा मोर्गन ने जो 8 अगस्त, 2007 को स्पेस शटल की उड़ान एसटीएस-118 के द्वारा अंतरिक्ष में गईं।

इस अध्याय में आगे अब स्पेस शटल से यात्रा कर चुकीं कुछ प्रमुख महिलाओं का वर्णन किया जाएगा।

1. एलीन कॉलिंस (स्पेस शटल की प्रथम महिला कमांडर)

19 नवंबर, 1956 को न्यूयार्क के एल्मीरा में जन्मी एलीन कॉलिंस के प्रथम शौकों में गोल्फ, हाइकिंग, कैम्पिंग, रीडिंग, फोटोग्राफी और खगोलशास्त्र में रुचि है। कॉलिंस ने 1974 में एल्मीरा की फ्री अकैडेमी से ग्रेजुएशन प्राप्त किया, 1976 में कार्निंग कम्युनिटी कॉलेज से गणित/विज्ञान में साइंस डिग्री प्राप्त कर बैचलर ऑफ आर्ट्स की डिग्री प्राप्त की, 1986 में स्टैनफोर्ड विश्वविद्यालय से ऑपरेशन रिसर्च में मास्टर ऑफ साइंस की डिग्री प्राप्त की तथा 1989 में वेबस्टर विश्वविद्यालय से स्पेस सिस्टम्स मैनेजमेंट में मास्टर ऑफ आर्ट्स की डिग्री प्राप्त की।

कॉलिंस का चयन नासा के द्वारा 1990 में किया गया तथा 1991 की जुलाई में वे अंतरिक्ष यात्री बन गईं। वे चार बार स्पेस शटल द्वारा अंतरिक्ष यात्रा कर चुकी है। वे पहली बार स्पेस शटल की उड़ान एसटीएस-63 के द्वारा (3 फरवरी से 11 फरवरी, 1995 के बीच) अंतरिक्ष में गईं जो रूस-अमरीका संयुक्त अंतरिक्ष उड़ान कड़ी की प्रथम उड़ान थी। इस मिशन में रूसी अंतरिक्ष स्टेशन मीर के समीप से शटल का गुजारना, स्पेस हैब मॉड्यूल का प्रचालन, एक खगोलिकी उपग्रह का प्रस्तरण एवं रिट्रीवल तथा एक स्पेस वॉक शामिल थी। कॉलिंस की दूसरी शटल उड़ान एसटीएस-84 (15-24 मई, 1997) थी तथा इसमें शटल मीर अंतरिक्ष स्टेशन से अंतरिक्ष में जुड़ा (डाकिंग)। इस उड़ान में स्पेस शटल ने मीर अंतरिक्ष स्टेशन के लिए आपूर्ति सामग्री भी पहुँचाई। कॉलिंस की तीसरी उड़ान एसटीएस-93 (23-27 जुलाई, 1999) थी तथा यह प्रथम शटल मिशन था जिसकी कमांडर पहली बार एक महिला (एलीन कॉलिंस) बनीं। एसटीएस-63 शटल उड़ान में कॉलिंस प्रथम शटल पायलट थीं। शटल कमांडर के रूप में कॉलिंस के नेतृत्व में चंद्रा एक्स किरण प्रेक्षणशाला का प्रस्तरण अंतरिक्ष में किया गया। कमांडर के रूप में कॉलिंस का आखिरी शटल मिशन एसटीएस-114 था, जो स्पेस शटल कोलंबिया की दुर्घटना के बाद का प्रथम शटल मिशन था। शटल मिशन एसटीएस-114 (26 जुलाई-9 अगस्त, 2005) अंतर्राष्ट्रीय अंतरिक्ष स्टेशन 'अल्फा' के लिए थी तथा इस उड़ान के दौरान

13.3 : शटल के द्वारा अंतरिक्ष में जाने वाली प्रथम अमरीकी महिला सैली राइड

अंतरिक्ष यात्रियों ने उड़ान सुरक्षा के तरीकों का आंकलन किया तथा शटल की जाँच और रिपेयर तकनीकों का भी मुआयना किया।

कॉलिंस को अनेक सम्मानों से विभूषित किया जा चुका है। जैसे–डिफेंस सर्विस सुपीरियर मैडल, डिफेंस मेरिटोरियस सर्विस मैडल, नासा आउटस्टैंडिग लीडरशिप मैडल, नेशनल स्पेस ट्रॉफी इत्यादि। कॉलिंस को 30 प्रकार के विभिन्न वायुयानों के उड़ान का 6,751 घंटे से भी अधिक का अनुभव है। जनवरी 2005 में कॉलिंस एयरफोर्स से रिटायर हो गई।

2. स्पेस शटल की प्रथम महिला यात्री सैली राइड

वर्ष 1951, 26 मई को कैलीफोर्निया के लॉस एंजीलीस में जन्मी सैली राइड की 24 जुलाई, 2012 को मृत्यु हो गई। राइड के विभिन्न शौकों में टेनिस, दौड़ना, वालीबॉल, साफ्टबॉल और स्टैंप कलैक्शन थे। वे राष्ट्रीय स्तर की टेनिस खिलाड़ी रह चुकी हैं। लॉस एंजीलीस के वेस्टलेक हाई स्कूल से उन्होंने 1968 में ग्रेजुएशन किया, 1973 में स्टैनफोर्ड विश्वविद्यालय से भैतिकी में बैचलर ऑफ साइंस एवं अंग्रेज़ी में बैचलर ऑफ आर्ट्स की डिग्री प्राप्त की, तथा 1975 एवं 1978 में क्रमशः भौतिकी में मास्टर ऑफ साइंस एवं डॉक्ट्रेट की डिग्रियाँ प्राप्त की।

वर्ष 1978 में सैली राइड का चयन नासा के द्वारा अंतरिक्ष यात्री उम्मीदवार के रूप में किया गया। वर्ष 1979 में उन्होंने एक वर्ष का प्रशिक्षण भावी स्पेस शटल उड़ान अंतरिक्ष यात्रियों के लिए पूरा किया। सैली राइड दो बार स्पेस शटल से यात्रा कर चुकी थीं। स्पेस शटल के प्रथम मिशन एसटीएस-7 में वे मिशन विशेषज्ञ थीं तथा इस मिशन के कमांडर रॉबर्ट क्रिपन थे। यह स्पेस शटल चैलेंज़र की द्वितीय उड़ान तथा पाँच अंतरिक्ष यात्रियों के साथ प्रथम बड़ा मिशन था। इस मिशन के द्वारा कनाडा का उपग्रह अनिक सी-2 तथा इंडोनेशिया का उपग्रह पलापा बी-1 अंतरिक्ष में प्रस्तरित किए गए। राइड की दूसरी शटल उड़ान एसटीएस-41 जी थी, जिसका प्रमोचन 5 अक्तूबर, 1984 को कैनेडी अंतरिक्ष केंद्र से किया गया। उस समय के अनुसार इस शटल मिशन में सबसे अधिक संख्या में अंतरिक्ष यात्री भेजे गए। इस आठ दिवसीय शटल मिशन में अनेक कार्य किए गए तथा 13 अक्तूबर, 1984 को यह कैनेडी अंतरिक्ष केंद्र में वापस आया। सैली राइड का निर्धारण शटल की तृतीय उड़ान एसटीएस-61एम के लिए भी हुआ, लेकिन स्पेस शटल चैलेंज़र की दुर्घटना के बाद उनका अंतरिक्ष में तीसरी बार जाना स्थगित हो गया।

वर्ष 1989 में डॉ. सैली राइड ने कैलीफोर्निया के विश्वविद्यालय में भौतिकी के प्रोफेसर के रूप में नियुक्ति स्वीकार की। उन्होंने लड़कियों एवं युवा महिलाओं को विज्ञान में कैरियर अपनाने के लिए तथा उन्हें प्रेरित करने के लिए एक अभियान चलाया। राइड को अनेक सम्मानों से विभूषित किया जा चुका है

तथा उन्हें नेशनल वूमेंस हाल ऑफ फेम एवं आस्ट्रोनट हाल ऑफ फेम में भी शामिल किया गया है। वे विज्ञान एवं तकनीकी के लिए राष्ट्रपति गठित परामर्शदाता समिति की सदस्या भी रह चुकी हैं।

3. स्पेस शटल की यात्री रह चुकीं प्रथम माँ अन्ना फिशर

अन्ना फिशर का जन्म 24 अगस्त, 1949 को न्यूयार्क शहर में हुआ, लेकिन वे कैलीफोर्निया के सैनपेड्रो स्थान को ही अपना घर मानती हैं। उनके व्यक्तिगत शौकों में बर्फ़ एवं जल स्कीइंग, जॉगिंग, फ्लाइंग, स्कूबा डाइविंग, पढ़ना, फोटोग्राफी है तथा फुर्सत के समय वे अपनी बेटियों से साथ गुजारती हैं।

अन्ना फिशर ने सैनपेड्रो हाई स्कूल कैलीफोर्निया से 1967 में ग्रेजुएशन किया, 1971 एवं 1976 में क्रमशः लॉस एंजीलीस स्थित कैलीफोर्निया विश्वविद्यालय से रसायन शास्त्र में बैचेलर ऑफ साइंस एवं डॉक्टर ऑफ मैडिसिन की डिग्री प्राप्त की। एक वर्ष की इंटर्नशिप उन्होंने टोरेंस के जनरल अस्पताल में पूरी की तथा 1987 में कैलीफोर्निया विश्वविद्यालय से रसायन शास्त्र में मास्टर ऑफ सांइस की डिग्री प्राप्त की। फिशर का चयन नासा के अंतरिक्ष यात्री उम्मीदवार के रूप में 1978 में हुआ तथा अगस्त 1979 में उन्होंने एक वर्ष का प्रशिक्षण एवं आकलन पीरियड पूरा किया।

डॉ. फिशर स्पेस शटल की उड़ान एसटीएस-51 ए के द्वारा अंतरिक्ष में गईं तथा इस उड़ान के कमांडर फ्रेडरिक हॉक थे। यह स्पेस शटल डिस्कवरी की दूसरी उड़ान थी। इस मिशन के दौरान अंतरिक्ष यात्रियों ने दो उपग्रह कनाडा का 'अनिक-डी2' उपग्रह तथा ह्यूज़ेज कंपनी का 'सिंकम प्ट.1श उपग्रह अंतरिक्ष में प्रमोचित किए। इस मिशन के द्वारा अंतरिक्ष कक्षा में खराब हो गए एक उपग्रह इंडोनेशिया के 'पलापा बी-2' उपग्रह को पृथ्वी पर रिपेयर करने के लिए वापस लाया गया। वर्ष 1989 से 1995 के दौरान फिशर अपने परिवार की देख-रेख के लिए नासा के अंतरिक्ष यात्री कार्यलय से छुट्टी पर थीं तथा वे जनवरी 1996 में पुनः वापस आई। वर्ष 1996 से 2002 तक डॉ. फिशर अंतरिक्ष स्टेशन ब्रांच की चीफ थीं (प्रारंभ के चरण में)।

डॉ. फिशर को अनेक सम्मानों से विभूषित किया जा चुका है। वे नासा के स्पेस फ्लाइट मैडल, मदर ऑफ दी इयर अवार्ड 1984, नासा का इक्सेप्शनल सर्विस मैडल, 1999 प्राप्त कर चुकी हैं।

4. स्पेस शटल की द्वितीय महिला कमांडर पामेला मेलरवाय

पामेला मेलरवाय का जन्म 19 सितंबर, 1961 को कैलीफोर्निया के पालो आल्टो नामक स्थान पर हुआ। उन्होंने 1979 में न्यूयॉर्क के बिशप कियर्नी, रोचेस्टर हाई स्कूल से ग्रेजुएशन की डिग्री प्राप्त की, 1983 में वेलेज्ली कॉलेज से भौतिक एवं खगोलिकी में बैचेलर ऑफ साइंस की डिग्री प्राप्त की तथा 1984 में एम. आई.टी. से मास्टर ऑफ साइंस की डिग्री (भू एवं ग्रहीय विज्ञान में) प्राप्त की।

दिसंबर 1994 में पामेला मेलरवाय का चयन अंतरिक्ष यात्री उम्मीदवार के रूप में नासा के द्वारा किया गया। इसके पहले 1983 में वायुसेना में आरओटीसी कार्यक्रम के अंतर्गत उनकी नियुक्ति हुई थी। पामेला

13.4 : शटल के द्वारा अंतरिक्ष में जाने वाली प्रथम मां अन्ना फिशर

मेलरवाय तीन बार अंतरिक्ष में जा चुकी हैं तथा अंतरिक्ष में कुल 928 घंटे (38 दिन से भी अधिक का समय) गुजार चुकी हैं। उनकी तीनों अंतरिक्ष यात्राएँ स्पेस शटल से संपन्न हुईं। प्रथम दो शटल उड़ानों एसटीएस-92 तथा एसटीएस-112 में उनकी भूमिका पायलट की थी तथा तीसरी शटल उड़ान एसटीएस-120 में वे कमांडर थीं।

पामेला मेलरवाय की प्रथम उड़ान एसटीएस-92 (11-24 अक्तूबर, 2000) की थी, जिसका प्रमोचन कैनेडी अंतरिक्ष केंद्र से हुआ तथा 13 दिन की अंतरिक्ष उड़ान के द्वारा यह पृथ्वी की 202 परिक्रमाएँ तथा 53 लाख मील यात्रा करके कैलीफोर्निया के एडवार्ड एयरफोर्स बेस में उतरा। यह शटल उड़ान अल्फा अंतरिक्ष स्टेशन के असेंबली कार्य के लिए थी। पामेला की दूसरी उड़ान एसटीएस-112 (अक्तूबर 2002) स्पेस शटल अटलांटीस के द्वारा संपन्न हुई। यह उड़ान भी अल्फा स्टेशन की असेंबली से संबंधित थी।

पामेला की तीसरी उड़ान एसटीएस-120 (23 अक्तूबर-7 नवंबर 2007) थी जिसकी कमांडर विश्व की दूसरी महिला (अर्थात् पामेला मेलरवाय) बनीं। पामेला की कमांडर के रूप में स्पेस शटल की खास बात यह थी कि इस यात्रा के दौरान अंतरिक्ष में (अंतर्राष्ट्रीय अंतरिक्ष स्टेशन अल्फा के अंदर) पहली बार दो भिन्न अंतरिक्ष मिशनों (स्पेस शटल की कमांडर पामेला मेलरवाय तथा अंतर्राष्ट्रीय अंतरिक्ष स्टेशन अल्फा की कमांडर पेग्गी ह्विटसन) की कमांडर महिलाओं का मिलन हुआ।

पामेला मेलरवाय को अनेक सम्मानों से विभूषित किया जा चुका है तथा उनमें प्रमुख सम्मान हैं एयरफोर्स मैरिटोरियस सर्विस मैडल, फर्स्ट ओक लीफ क्लस्टर एयर मैडल, एक्सपैडीशनरी मैडल इत्यादि।

5. सुसान हेल्म्स

महिला अंतरिक्ष यात्री सुसान हेल्म्स चार बार स्पेस शटल से यात्रा कर चुकी हैं तथा वे अंतर्राष्ट्रीय अंतरिक्ष स्टेशन में जाने वाली प्रथम महिला हैं। उनका जन्म 26 फरवरी, 1958 को नॉर्थ कैरोलिना के चैरलोटे नामक

स्थान पर हुआ लेकिन सुसान हेल्म्स ओरेगन के पोर्टलैंड को अपना घर मानती हैं। उनके व्यक्तिगत शौकों में पियानो बजाना और अन्य संगीत गतिविधियाँ, जोगिंग, यात्रा करना, रीडिंग, कंप्यूटर पर काम करना एवं कुकिंग हैं। उन्होंने ओरेगन के पोर्टलैंड स्थित पार्क रोज़ सीनियर हाई स्कूल से ग्रेजुएशन किया, 1980 में अमरीकी वायुसेना अकेडेमी से एयरोनॉटिकल इंजीनियरिंग में बैचलर ऑफ साइंस की डिग्री प्राप्त की तथा 1985 में स्टैनफोर्ड विश्वविद्यालय से एयरोनॉटिक्स/ऑस्ट्रोनॉटिक्स में मास्टर ऑफ साइंस की डिग्री प्राप्त की।

हेल्म्स का चयन वायुसेना के लिए 1980 में हुआ। जनवरी 1990 में नासा के द्वारा उनका चयन हुआ तथा जुलाई 1991 में वे अंतरिक्ष यात्री बनीं। वर्ष 1993 में वे एसटीएस-54 उड़ान, 1994 में एसटीएस-64 उड़ान, 1996 में एसटीएस-78 उड़ान तथा 2000 में एसटीएस-101 उड़ानों के द्वारा वे अंतरिक्ष में गईं। हेल्म्स अंतर्राष्ट्रीय अंतरिक्ष स्टेशन में 205 दिन गुजार चुकी हैं।

हेल्म्स को प्रदान किए गए अनेक सम्मानों में डिस्टिंग्विश्ड सुपीरियर सर्विस मैडल (विद ओक लीफ क्लस्टर), एयरफोर्स कमेन्डेशन मैडल, नासा डिस्टिंग्विश्ड सर्विस मैडल, नासा स्पेस फ्लाइट मैडल एवं नासा का आउटस्टैंडिंग लीडरशिप मैडल प्रमुख हैं।

6. जापान की प्रथम स्पेस शटल अंतरिक्ष यात्री महिला–चियाकी मुकाई

जापान की महिला अंतरिक्ष यात्री चियाकी मुकाई पेशे से एक डॉक्टर हैं तथा वे स्पेस शटल की दो उड़ानों एसटीएस-65 एवं एसटीएस-95 के द्वारा दो बार अंतरिक्ष में जा चुकी हैं। प्रथम उड़ान एसटीएस-65 द्वितीय अंतर्राष्ट्रीय सूक्ष्म गुरुत्व प्रयोगशाला (आई एमएल-2) की उड़ान थी। इस मिशन में 82 अंतरिक्ष जीवन विज्ञान से संबंधित जाँच की गई। मुकाई का द्वितीय मिशन एसटीएस-95 (29 अक्तूबर से 7 नवंबर, 1998) था जो कि एक नौ दिवसीय मिशन था, जिसने अनेक अंतरिक्ष अभियानों 'स्पार्टन' सौर कक्षीय अंतरिक्ष यान का प्रस्तरण, हब्बल अंतरिक्ष दूरबीन कक्षीय तंत्र टैस्ट प्लैटफॉर्म तथा एजिंग प्रोसेस एवं स्पेस फ्लाइट जाँच को सपोर्ट प्रदान किया।

मुकाई को अनेक सम्मानों से विभूषित किया जा चुका है, जिनमें प्रमुख हैं–सोसाइटी ऑफ जापानी वूमेन वैज्ञानिक (1996) का आउटसटैंडिंग सर्विस अवार्ड, अमरीकी कांग्रेस (1995) का स्पेसल कांग्रेशनल रिकगनीशन, जापानी सोसाइटी का 'दी अवार्ड फॉर डिस्टिंग्विश्ड सर्विस' इन एडवांसमेंट ऑफ स्पेस बायोलोजी', प्रधानमंत्री का स्पेसल साइटेशन, ऑनरेरी सिटिजन ऑफ टैटेबायशी सिटी, टोक्यो वूमेंस फाउंडेशन का अवार्ड फॉर डिस्टिंग्विश्ड एकोम्लिशमेंट्स तथा जापानी संस्था की एयरोनॉटिकल एवं अंतरिक्ष विज्ञान शाखा का कमेंडेशन फॉर टेक्नोलॉजी मैडल।

सारणी–13.1
स्पेस शटल के महिला अंतरिक्ष यात्री

अमरीकी अंतरिक्ष यात्रा

1. एलीन बेकर
2. ट्रेसी कॉल्डवेल
3. कल्पना चावला
4. मैरी क्लीव
5. कैथेरीन कोलमैन
6. एलीन कॉलिंस
7. नैन्सी क्यूरी
8. नैन्सी जैन डेविस
9. बोनी डनबर
10. अन्ना फिशर
11. लिंडा गाडविन
12. सुसान हेल्म्स
13. एलिजमेन हिग्गिनबॉथम
14. कैथरीन हायर
15. ह्यूज़ेज़ फुलफोर्ड
16. मार्शा इविंस
17. मॉय जेमिसन
18. तमारा जर्नीगन
19. लॉरेल क्लार्क
20. जैनेट कवांडी
21. वेंडी लारेंस
22. शैनन ल्युसिड
23. सैंड्रा मैग्नस
24. कैथेरीन मैकार्थर
25. क्रिस्टा मैकाफी
26. पामेला मेलर्वाय
27. डोरोथी लिंडेनबर्गर
28. बारबारा मोर्गन
29. लीसा नोवाक
30. एलेन ओकोआ
31. जूडिथ रेसनिक
32. सैली राइड
33. मार्ग्रेट सेडोन
34. मार्था हीडेमैरी स्टीफैनीसन पाइपर
35. सुसान स्टिल
36. निकोले स्टोट
37. कैथेरीन सुलीवान
38. कैथेरीन थार्नटन
39. जेनिस वॉस
40. मैरी वेबर
41. पेग्गी ह्टिसन
42. सुनीता विलियम्स
43. स्टीफैनी विल्सन
44. कैरेन नाइबर्ग

कनाडा की महिलाएँ

45. रॉबर्टा बॉण्डर
46. जूली पेयटे

जापान की महिलाएँ

47. मुकाई चियाकी
48. नाओको यामाजाकी

रूसी/सोवियत महिला

49. एलेना कोंडाकोवा

14

स्पेस शटल के द्वारा अंतरिक्ष में जाने वाले कुछ विख्यात अंतरिक्ष यात्री

स्पेस शटल के द्वारा 135 उड़ानों के द्वारा 833 लोग अंतरिक्ष में गए तथा इनमें से कुछ लोग शटल के द्वारा कई बार अंतरिक्ष में गए। वास्तविक संख्या के अनुसार 356 लोग अंतरिक्ष में गए, जिनमें 306 पुरुष और 50 महिलाएँ थीं। अंतरिक्ष में स्पेस शटल में जाने वाले कुछ पुरुष अंतरिक्ष यात्री अंतरिक्ष अन्वेषण के इतिहास में अमर हो गए हैं। इस अध्याय में कुछ इन्हीं अंतरिक्ष पुरुषों का वर्णन किया जाएगा।

1. स्पेस शटल के द्वारा अंतरिक्ष में जाने वाला विश्व का सबसे वयोवृद्ध अंतरिक्ष यात्री–जॉन ग्लेन

जॉन ग्लेन अंतरिक्ष अन्वेषण के इतिहास पुरुष माने जाते हैं। अंतरिक्ष में जाने वाले (कक्षीय उड़ान) वे प्रथम अमरीकी, 77.3 वर्ष की उम्र में दूसरी बार (वह भी स्पेस शटल से) अंतरिक्ष में जाने वाले विश्व के सबसे अधिक उम्र के अंतरिक्ष यात्री, अमरीकी मैरीन कॉर्प्स के पायलट, चार बार अमरीकी सीनेट के ओहियो से सीनेटर तथा नासा के द्वारा चयनित सात अंतरिक्ष यात्रियों में से एक थे। जॉन ग्लेन का पूरा नाम जॉन हर्शेल ग्लेन जू. है तथा उनका जन्म 18 जुलाई, 1921 को हुआ। अप्रैल 1959 में, इसके बावजूद कि उनके पास आवश्यक कॉलेज की डिग्री नहीं थी, उन्हें प्रोजेक्ट मर्करी के लिए ओरिजिनल ग्रुप ऑफ सेवन एस्ट्रोनॉट्स के सदस्य के रूप में चयनित कर लिया गया (नासा के द्वारा)। इस अवधि तक वे अमरीकी मैरीन कॉर्प्स में एक ऑफिसर की भाँति कार्यरत रहे। वर्ष 1962, 20 फरवरी को फ्रैंडशिप-7 अंतरिक्ष यान के द्वारा अंतरिक्ष में जाने वाले वे पाँचवें व्यक्ति, तृतीय

14.1 : स्पेस शटल के द्वारा अंतरिक्ष में जाने वाले (77.3 वर्ष की उम्र में) विश्व के सबसे वयोवृद्ध अंतरिक्ष यात्री जॉन ग्लेन

14.2 : स्पेस शटल की प्रथम उड़ान के कमांडर जॉन यंग

अमरीकी तथा पृथ्वी की कक्षा में जाने वाले प्रथम अमरीकी बने। उनके इस मिशन का नाम 'मर्करी एटलस 6 मिशन' था तथा अपने इस प्रथम मिशन के दौरान उन्होंने चार घंटे 55 मिनट और 23 सै. में पृथ्वी की तीन परिक्रमाएँ की। उनके पृथ्वी परिक्रमण के दौरान पश्चिमी ऑस्ट्रेलिया के पर्थ शहर में शहर के सभी वासियों ने अपने-अपने घरों की बत्तियाँ जला दी और उस समय इसे 'सिटी ऑफ लाइट्स' की संज्ञा दी गई। इस शहर ने वही कार्य 1998 में ग्लेन की द्वितीय अंतरिक्ष उड़ान के मौके पर भी किया। वर्ष 1962, 23 फरवरी को तत्कालीन अमरीकी राष्ट्रपति जॉन एफ कैनेडी ने जॉन ग्लेन को नासा सर्विस मैडल प्रदान किया। जुलाई 1962 में ग्लेन ने हाउस ऑफ स्पेस कमेटी के सामने महिलाओं को भी अंतरिक्ष में भेजने की पैरवी की। ग्लेन की पैरवी का यह परिणाम रहा कि 1983 में प्रथम अमरीकी महिला के रूप में सैलीराइड अंतरिक्ष में गईं। छत्तीस वर्ष के बाद जॉन ग्लेन की दूसरी अंतरिक्ष उड़ान हुई तथा उनकी यह यात्रा 29 अक्तूबर, 1998 को स्पेस शटल डिस्कवरी की उड़ान एसटीएस-95 से प्रारंभ हुई। उनकी इस अंतरिक्ष उड़ान का प्रमुख उद्देश्य इस बात की जाँच करना था कि अधिक उम्र वाले लोगों पर अंतरिक्ष उड़ान का क्या प्रभाव होता है। 77.3 वर्ष की उम्र में अंतरिक्ष में जाने वाले जॉन ग्लेन विश्व के सबसे वयोवृद्ध अंतरिक्ष यात्री बन गए।

अपने संस्मरण में जॉन ग्लेन ने एक जगह लिखा है कि जब नासा ने उन्हें अंतरिक्ष में भेजने की घोषणा की तो उन्हें आश्चर्य हुआ, क्योंकि उन्हें ज़रा भी इस चीज़ का खयाल नहीं था कि नासा उन्हें दुबारा अंतरिक्ष में भेजने पर विचार कर रहा है। अनेक लोगों का यह मत था कि ग्लेन की अंतरिक्ष उड़ान भारहीनता के ऊपर अनेक अनुसंधानों को जन्मित करेगी तथा किसी एक व्यक्ति की 36 साल के अंतराल में संपन्न दो अंतरिक्ष उड़ानों के विभिन्न गणकों की समीक्षा जैविक दृष्टि से कर सकेगी। उस समय एक वयोवृद्ध व्यक्ति पर भारहीनता के प्रभावों को जानने एवं समझने का बहुत अच्छा मौका मिला।

जॉन ग्लेन ने अमरीकी राजनीति में भी हिस्सा लिया तथा चार बार ओहियो से सीनेटर रहे। उन्हें 'एस्ट्रोनॉट हॉल ऑफ फेम' में भी शामिल किया गया। जॉन ग्लेन की शादी 16 अप्रैल, 1943 को उनकी बचपन की मित्र अन्ना मार्गरेट कैस्टर से हुई तथा उनके दो बच्चे हैं। ग्लेन और उनकी पत्नी दोनों ही न्यू कांकोर्ड (ओहियो) के मुस्किंघम कॉलेज के छात्र रहे हैं।

जॉन ग्लेन को अनेक सम्मानों से विभूषित किया जा चुका है; जैसे–नेवल एवियेटर बैज़, नेवल एस्ट्रोनॉट बैज़, डिस्टिंग्विश्ड फ्लाइंग क्रॉस, प्रेसीडेंशियल यूनिट साइटेशन, कोरियन सर्विस मैडल, कांग्रेशनल गोल्ड मैडल, कांग्रेशनल स्पेस मैडल ऑफ ऑनर, नासा डिस्टिंग्विश्ड सर्विस मैडल इत्यादि।

2. अमरीका की सभी स्पेस शटलों से यात्रा कर चुके विश्व के एकमात्र अंतरिक्ष यात्री डॉ. स्टोरी मुसाग्रेव

डॉ. स्टोरी मुसाग्रेव का जन्म 19 अगस्त, 1935 को मैसाचूसेट के बोस्टन में हुआ, लेकिन वे केंटुकी के लेक्सिंग्टन को अपना होम टाउन मानते हैं। उनके व्यक्तिगत शौकों में शामिल हैं–शतरंज, उड़ान भरना, बागबानी, साहित्यिक आलोचना, माइक्रोकंप्यूटर, पैराशूटिंग, फोटोग्राफी, पढ़ना, दौड़ना और स्कूबा डाइविंग। मुसाग्रेव ने 1953 में साउथ बोरो (मेसाचूसेट्स) के सेंट मार्क स्कूल से ग्रेजुएशन, 1958 में सैराक्यूज विश्वविद्यालय से गणित एवं स्टैटिस्टिक्स में बैचेलर ऑफ साइंस की डिग्री, 1959 में लॉस एंजीलीस के कैलीफोर्निया विश्वविद्यालय से प्रचालन विश्लेषण एवं कंप्यूटर प्रोग्रामिंग में मास्टर ऑफ बिजनेस एडमिनिस्ट्रेशन, 1960 में मैरिएट्टा कॉलेज से रसायन शास्त्र में बैचेलर ऑफ साइंस की डिग्री, 1964 में कोलंबिया विश्वविद्यालय से मैडीसिन में डॉक्ट्रेट की डिग्री, 1966 में केंटुकी विश्वविद्यालय से फिज़ियोलॉजी एवं बायोफिजिक्स में मास्टर ऑफ साइंस की डिग्री तथा 1987 में ह्यूस्टन विश्वविद्यालय से साहित्य में मास्टर ऑफ आर्ट्स की डिग्री प्राप्त की।

मुसाग्रेव ने 1953 में अमरीकी मैरीन कॉर्प्स में प्रवेश लिया। अगस्त 1967 में मुसाग्रेव का चयन नासा के द्वारा वैज्ञानिक अंतरिक्ष यात्री के रूप में हुआ। डॉ. मुसाग्रेव छह बार स्पेस शटल से (और नासा के सभी स्पेस शटलों से) अंतरिक्ष यात्रा कर चुके हैं। इस प्रकार का सम्मान पाने वाले वे विश्व के एकमात्र अकेले अंतरिक्ष यात्री हैं।

14.3 : स्पेस शटल के द्वारा अंतरिक्ष में इष्टतम सात बार जाने वाले प्रथम अंतरिक्ष यात्री जेरी रॉस

मुसाग्रेव की प्रथम उड़ान स्पेस चैलेंज़र (मिशन एसटीएस-6), द्वितीय उड़ान भी स्पेस शटल चैलेंज़र (मिशन एसटीएस-51 एफ), तृतीय उड़ान स्पेस शटल डिस्कवरी (मिशन एसटीएस - 33), चौथी उड़ान स्पेस शटल अटलांटीस (मिशन एसटीएस-44) से, पाँचवी उड़ान स्पेस शटल एंड्यौर

(मिशन एसटीएस-61) से तथा छठी उड़ान स्पेस शटल कोलंबिया (एसटीएस-80) से संपन्न हुई। अपनी सभी 6 अंतरिक्ष उड़ानों के द्‌वारा डॉ. स्टोरी मुसाग्रेव ने अंतरिक्ष में कुल 53 दिन 10 घंटे 4 मिनट 45 सै. का समय गुजारा है। उन्होंने अंतरिक्ष में कुल 26 घंटे 21 मिनट की अवधि की चार स्पेस वॉक भी किए हैं।

डॉ. स्टोरी मुसाग्रेव को अनेक सम्मानों से विभूषित किया जा चुका है तथा ये सम्मान हैं–नेशनल डिफेंस सर्विस मैडल, यूनाइटेड स्टेट्स एयरफोर्स पोस्ट डॉक्टरल फैलोशिप, नेशनल हार्ट इंस्टीट्यूट पोस्ट-डॉक्टरल फैलोशिप, नासा स्पेस फ्लाइट मैडल एवं नासा डिस्टिंग्विश्ड सर्विस मैडल।

3. स्पेस शटल के द्‌वारा अंतरिक्ष में इष्टतम सात बार जाने वाले विश्व के प्रथम अंतरिक्ष यात्री जेरी रॉस

दुनिया में कोई भी व्यक्ति आदि अधिकतम सात बार अंतरिक्ष में गया है तो वह है, यह सम्मान पाने वाले अमरीकी अंतरिक्ष यात्री जेरी रॉस, वे दुनिया के ऐसे प्रथम अंतरिक्ष यात्री हैं। उनकी इन सातों अंतरिक्ष उड़ानों की एक खूबी यह है कि सातों अंतरिक्ष उड़ानें स्पेस शटलों से संपन्न हुईं। जेरी रॉस का जन्म 20 जनवरी, 1948 को इंडियाना के क्राउन प्वाइंट स्थान पर हुआ। उन्होंने 1966 में इंडियाना के क्राउन प्वाइंट हाई स्कूल से ग्रेजुएशन किया तथा 1970 और 1972 में पर्ड्यू विश्वविद्‌यालय से क्रमशः मैकेनिकल इंजीनियरिंग में बैचलर ऑफ साइंस और मास्टर ऑफ साइंस की डिग्री प्राप्त की। उनकी प्रारंभिक नियुक्ति वायुसेना में हुई।

14.4 : अमरीका की सभी स्पेस शटलों से यात्रा कर चुके विश्व के प्रथम अंतरिक्ष यात्री डॉ. स्टोरी मुसाग्रेव

फरवरी 1979 में जेरी रॉस की लिंडन बी जॉनसन अंतरिक्ष केंद्र में नीतभार ऑपरेशन डिवीज़न में नीतभार ऑफिसर के रूप में नियुक्ति हुई। जेरी रॉस सात बार स्पेस शटल से अंतरिक्ष यात्राएँ कर चुके हैं तथा प्रत्येक उड़ान में उनकी भूमिका मिशन विशेषज्ञ की थी।

जेरी रॉस की प्रथम उड़ान स्पेस शटल की उड़ान एसटीएस-61 बी थी। इसके दौरान (27 नवंबर-3 दिसंबर, 1985) तीन उपग्रहों का प्रमोचन किया गया। दूसरी उड़ान एसटीएस-27 (2 दिसंबर 6 दिसंबर, 1988) थी तथा यह उड़ान रक्षा विभाग और कुछ अन्य सैकंडरी नीतभारों के लिए थी। तीसरी

शटल उड़ान एसटीएस-37 (5-11 अप्रैल, 1991) थी, जिसके द्वारा 35,000 पौंड की गामा किरण प्रेक्षणशाला का प्रेक्षण किया गया जो कि नासा के 'ग्रेट ऑब्जर्वेटरी कार्यक्रम' की दूसरी कड़ी थी। चौथी शटल उड़ान एसटीएस-55 (26 अप्रैल-6 मई 1993) थी तथा इस उड़ान के दौरान 90 परीक्षण अंतरिक्ष में किए गए।

14.5 शटल के द्वारा इष्टतम सात बार अंतरिक्ष में जाने वाले द्वितीय अंतरिक्ष यात्री चियांग डियाज़

जेरी रॉस की पाँचवी उड़ान एसटीएस-74 थी, जो 12-20 नवंबर, 1995 के बीच संपन्न हुई। यह नासा का द्वितीय शटल मिशन था, जो रूसी अंतरिक्ष स्टेशन मीर से अंतरिक्ष में जुड़ा। रॉस की छठी उड़ान एसटीएस-88 थी, जो कि स्पेस शटल की प्रथम उड़ान थी जो अंतर्राष्ट्रीय अंतरिक्ष स्टेशन की असेंबली के लिए भेजी गई थी। उड़ान 4-16 दिसंबर 1998 के बीच संपन्न हुई। ज़ेरी रॉस की सातवीं उड़ान स्पेस शटल अटलांटीस की उड़ान एसटीएस-110 (8-19 अप्रैल, 2002) थी तथा यह उड़ान भी अंतर्राष्ट्रीय अंतरिक्ष स्टेशन की असेंबली उड़ान थी।

अपनी सभी सातों अंतरिक्ष उड़ानों के द्वारा ज़ेरी रॉस ने अंतरिक्ष में कुल 58 दिन एक घंटे का प्रवास किया है तथा मुक्त अंतरिक्ष में 58 घं. 28 मि. की स्पेस वॉक की है। ज़ेरी रॉस को अनेक सम्मानों से विभूषित किया जा चुका है, जिनमें प्रमुख हैं–अमेरिकन एस्ट्रोनॉटिकल सोसायटी का विक्टर ए. पार्थर अवार्ड, डिफेंस के सर्विस मैडल, नेशनल इंटेलीजेंस मैडल ऑफ अचीवमेंट, आउटस्टैंडिग फ्लाइट टैस्ट इंजीनियर अवार्ड, पड्र्यू विश्वविद्यालय का डिस्टिंग्विश्ड इंजीनियरिंग एल्युमिनस अवार्ड इत्यादि।

4. स्पेस शटल की प्रथम उड़ान के कमांडर एवं विश्व के सबसे अनुभवी अंतरिक्ष यात्री जॉन यंग

वर्ष 1930, 24 सितंबर को कैलीफोर्निया के सॉन फ्रांसिस्को में जन्मे जॉन यंग एक सेवानिवृत्त अमरीकी अंतरिक्ष यात्री, टैस्ट पायलट, स्पेस शटल की प्रथम उड़ान के कमांडर, नेवल ऑफिसर, तथा एरोनॉटिकल इंजीनियर हैं, जो पृथ्वी चंद्रमा की सतह पर गमन करने वाले (अपोलो 16 मिशन के कमांडर) नौवें व्यक्ति बने। किसी अंतरिक्ष यात्री की तुलना में जॉन ने सबसे लंबा अंतरिक्ष कैरियर पाया तथा नासा की 42 वर्ष की सक्रिय सेवा के दौरान छह अंतरिक्ष उड़ानें भरी। ऐसा कर पाने वाले वे प्रथम व्यक्ति थे तथा सबसे अधिक अंतरिक्ष यानों की पायलटिंग करने वाले विश्व के प्रथम व्यक्ति हैं। उन्हें जेमिनी, अपोलो सर्विस कमांड

मॉड्यूल तथा स्पेस शटल जैसे अंतरिक्ष यानों पर कार्य करने का अनुभव है। स्पेस शटल के प्रथम कमांडर के रूप में उन्होंने अत्यधिक ख्याति अर्जित की।

जॉन यंग ने ओर्लेंडो (फ्लोरिडा) के हाई स्कूल से ग्रेजुएशन किया तथा 1952 में जॉर्जिया इंस्टीट्यूट ऑफ टेक्नोलॉजी से एयरोनॉटिकल इंजीनियरिंग में बैचलर ऑफ साइंस की डिग्री प्राप्त की। ग्रेजुएशन के बाद जॉन यंग की नियुक्ति अमरीकी नेवी में हुई। सितंबर 1962 में जॉन यंग का चयन नासा के द्वारा एक अंतरिक्ष यात्री के रूप में किया गया। अंतरिक्ष में छह बार (पृथ्वी से लिफ्ट-ऑफ) जाने वाले वे विश्व के प्रथम व्यक्ति हैं तथा यदि चंद्रमा से उनके लिफ्ट-ऑफ (अपोलो-16 मिशन के दौरान) को भी गिना जाए तो सात बार अंतरिक्ष में जाने वाले वे प्रथम व्यक्ति होते हैं। लेकिन पृथ्वी की परिभाषा के अनुसार अंतरिक्ष यात्रा का मतलब पृथ्वी से लिफ्ट ऑफ माना जाता है।

जॉन यंग की प्रथम अंतरिक्ष उड़ान जेमिनी-3 अंतरिक्ष यान (23 मार्च, 1965, अवधि 4 घं. 52 मि.) के द्वारा संपन्न हुई तथा यह उड़ान मूलतः जेमिनी अतंरिक्ष यान की विस्तृत जाँच थी। यंग की दूसरी उड़ान जेमिनी-10 (18-12 जुलाई, 1966) थी तथा इसमें वे कमांडर थे। तीसरी उड़ान अपोलो-10 की थी, इसमें भी यंग कमांडर थे तथा उड़ान अवधि 18-26 मई, 1969 थी। इस उड़ान में वे चंद्रमा के समीप से गुजरे। यंग की अगली उड़ान अपोलो-16 (16-27 अप्रैल, 1972) थी, जिसके वे कमांडर थे तथा चंद्र सतह की 16 मील यात्रा करके उन्होंने 200 पौंड के चंद्र चट्टानों के सैम्पुल इकट्ठे किए और उन्हें पृथ्वी पर लाए। यंग की पाँचवी उड़ान स्पेस शटल की प्रथम उड़ान के कमांडर के रूप में थी तथा यह स्पेस शटल की एक ऐतिहासिक उड़ान थी। वर्ष 1981, 12-14 अप्रैल के दौरान 54) घंटे की उड़ान में स्पेस शटल कोलंबिया ने पृथ्वी की 36 परिक्रमाएँ की तथा स्पेस शटल के तकनीकी निष्पादन पर अनेक परीक्षण किए गए। यंग की छठी उड़ान भी स्पेस शटल की थी तथा मिशन था, एसटीएस-9 (28 नवंबर-8 दिसंबर, 1983) जिसके कमांडर भी जॉन यंग थे तथा यह स्पेस लैब मिशन की प्रथम उड़ान थी।

अपनी सभी अंतरिक्ष उड़ानों के द्वारा जॉन यंग ने अंतरिक्ष में कुल 34 दिन 19 घं. का समय गुजारा है तथा 20 घं. 14 मि. की तीन स्पेस वॉक पूरी की है। यंग को अनेक विशिष्ट सम्मानों से विभूषित किया जा चुका है, जिनमें शामिल हैं–कांग्रेशनल स्पेस मैडल ऑफ ऑनर (1981), नासा आउटस्टैंडिंग लीडरशिप मैडल (1992), नासा का एक्सेप्शनल इंजीनियरिंग अचीवमेंट मैडल (1987), नासा आउटस्टैंडिंग अचीवमेंट मैडल (1994) इत्यादि। उन्हें छह ऑनरेरी डॉक्ट्रेट डिग्रियाँ भी प्रदान की जा चुकी हैं।

5. स्पेस शटल से सात बार अंतरिक्ष यात्रा कर चुके विश्व के दूसरे अंतरिक्ष यात्री चैंग डियाज़ फ्रैंकलिन रैमन

डॉ. चैंग डियाज फ्रैंकलिन रैमन का जन्म 5 अप्रैल, 1950 को कोस्ट रिका के सॉन होज़े, नामक स्थान पर हुआ था। वे चार बच्चों के पिता हैं तथा उनके व्यक्तिगत शौकों में शामिल हैं–संगीत, ग्लाइडर वायुयान, स्कूबा डाइविंग एवं हाइक्रिंग। चैंग ने 1967 में सॉन होज़े से ग्रेजुएशन किया, 1973 में कनेक्टीकट विश्वविद्यालय

से मैकेनिकल इंजीनियरिंग में बैचलर ऑफ साइंस की डिग्री प्राप्त की तथा 1977 में एमआईटी से अप्लाइड प्लाज़्मा फिज़िक्स में डॉक्ट्रेट की डिग्री प्राप्त की।

चैंग का चयन नासा के द्वारा अगस्त 1981 में किया गया। अंतरिक्ष यात्री प्रशिक्षण के दौरान उन्होंने स्पेस शटल के वैमानिकी इंटीग्रेशन प्रयोगशाला में सॉफ्टवेयर (शटल के) की जाँच में हिस्सा लिया। अपनी प्रथम अंतरिक्ष उड़ान एसटीएस-61 सी (12-18 जनवरी, 1986) में चैंग मिशन विशेषज्ञ थे, दूसरी उड़ान एसटीएस-34 (18-23 अक्तूबर, 1989) में मिशन विशेषज्ञ, तीसरी उड़ान एसटीएस-46 (31 जुलाई-8 अगस्त, 1982) में मिशन विशेषज्ञ, चौथी उड़ान एसटीएस-60 (3-11 फरवरी, 1994) में मिशन विशेषज्ञ, पाँचवी उड़ान एसटीएस-75 (22 फरवरी-9 मार्च, 1996) में मिशन विशेषज्ञ थे। उनकी छठी उड़ान एसटीएस-91 मीर अंतरिक्ष स्टेशन के लिए थी, जिसमें वे पुनः मिशन विशेषज्ञ थे तथा इसकी अवधि थी 2-12, जून 1998। चैंग की सातवीं उड़ान एसटीएस-111 (5-19 जून, 2002) अंतर्राष्ट्रीय अंतरिक्ष स्टेशन की असेंबली के लिए थी तथा इस उड़ान के द्वारा अंतरिक्ष स्टेशन के लिए कनाडा निर्मित मोबाइल बेस (रोबोटिक भुजा के लिए) पहुँचाया गया था। अपनी सभी सातों अंतरिक्ष उड़ानों के द्वारा चैंग ने अंतरिक्ष में कुल 66 दिन 18 घं. का समय गुजारा तथा 19 घं. 31 मि. अवधि की तीन स्पेस वॉक की।

चैंग को अनेक सम्मानों से विभूषित किया जा चुका है, जिनमें शामिल हैं कनेक्टीकट विश्वविद्यालय का आउटस्टैंडिग अल्युमिनी अवार्ड (1980), नासा के स्पेस फ्लाइट मैडल और नासा के डिस्टिंग्विश्ड सर्विस मैडल, चार डॉक्टरेट (ऑनरेरी) डिग्रियाँ, इत्यादि।

15

स्पेस शटल युग की दो दुःखांत दुर्घटनाएँ

अंतरिक्ष परिवहन के रूप में स्पेस शटलों के प्रचालन में दो भीषण दुर्घटनाएँ घटित हुईं, जिनमें 14 अंतरिक्ष यात्री मृत्यु को प्राप्त हुए। कुल 135 शटल उड़ानों में दो शटल उड़ानों की असफलता 98.8 प्रतिशत निष्पादन (परफॉर्मेंस) को दर्शाती है, लेकिन मानवीय क्षति की दृष्टि से स्पेस शटल की विश्वसनीयता भी इससे प्रभावित हुई। इस अध्याय में स्पेस शटल चैलेंज़र और स्पेस शटल कोलंबिया की दुर्घटनाओं का वर्णन किया जाएगा।

1. स्पेस शटल चैलेंज़र की दुर्घटना

स्पेस शटल चैलेंज़र की दुर्घटना 28 जनवरी, 1986 को घटित हुई जब चैलेंज़र स्पेस शटल उड़ान के 73 सैकंड बाद टूटकर दुर्घटनाग्रस्त हो गई तथा इसके सभी सात अंतरिक्ष यात्री वीरगति को प्राप्त हुए। स्पेस शटल की इस उड़ान की संख्या एसटीएस-51 एल थी तथा शटल की यह उड़ान अमरीकी शटल कार्यक्रम की 25वीं उड़ान तथा स्पेस शटल चैलेंज़र की दसवीं उड़ान थी। चैलेंज़र अंतरिक्ष यान अटलांटिक महासागर के ऊपर हवा में टूट गया (केंद्रीय फ्लोरिडा के समुद्र तटवर्ती किनारे के ऊपर, सार्वत्रिक समय 16:38 बजे)। संपूर्ण अंतरिक्ष यान का टूटना तब प्रारंभ हुआ, जब दाहिनी तरफ के ठोस रॉकेट बूस्टर की ओ-सील उड़ान भरते समय फेल हो गई। ओ-रिंग के फेल हो जाने से ठोस रॉकेट बूस्टर के ज्वाइंट बिंदु पर समस्या आई। एरोडाइनामिक बलों ने तेज़ी से शटल व्हीकल को तोड़ दिया। अंतरिक्ष यात्री कंपार्टमेंट और शटल के अन्य भागों को एक विशाल रिकवरी ऑपरेशन के बाद समुद्र से निकाला जा सका। शटल में कोई बचाव तंत्र

15.1 : स्पेस शटल चैलेंज़र की दुर्घटना

15.2 : चैलेंज़र दुर्घटना के मृत अंतरिक्ष यात्री : (आगे) माइकल स्मिथ, कमांडर स्कोबी, रोनाल्ड मैकनेयर एवं (पीछे) : क्रिस्टा मैकाफी, ग्रेगोरी जार्विस, जूडिथ रेसनिक एलिसन ओनीजूका

(एस्केप, सिस्टम) नहीं था तथा अंतरिक्ष यात्री शटल के समुद्र के आघात को नहीं झेल पाए।

स्पेस शटल चैलेंज़र की इस उड़ान (एसटीएस-51 एल) के प्रमोचन को देखने के लिए प्रमोचन पैड पर भीड़ इसलिए बहुत अधिक थी, क्योंकि इस उड़ान के द्वारा विश्व की प्रथम अंतरिक्ष अध्यापिका क्रिस्टा मैकाफी अंतरिक्ष में जा रही थीं। इसीलिए इस उड़ान का मीडिया कवरेज़ काफी ज़्यादा था तथा इस संदर्भ में मीडिया सर्वेक्षण रिपोर्ट यह बताती है कि दुर्घटना की ख़बर एक घंटे के अंदर 85 प्रतिशत अमरीकियों को मिल गई थी। चैलेंज़र दुर्घटना के बाद इंजीनियरिंग दृष्टि से सुरक्षा और मिशन स्थल पर कार्य प्रणालियों को सुचारु रूप से किए जाने पर काफी बल दिया गया था। प्रत्येक ठोस रॉकेट बूस्टर (जो स्पेस शटल के भाग होते थे तथा जिनकी संख्या दो होती थी) का निर्माण छह सैक्शनों को जोड़कर किया जाता था जिनमें तीन सैक्शन फैक्टरी में जोड़े जाते थे तथा बाकी तीन सैक्शन फील्ड में जोड़े जाते थे। इन जोड़ों में ओ-रिंगों की प्रमुख भूमिका होती थी।

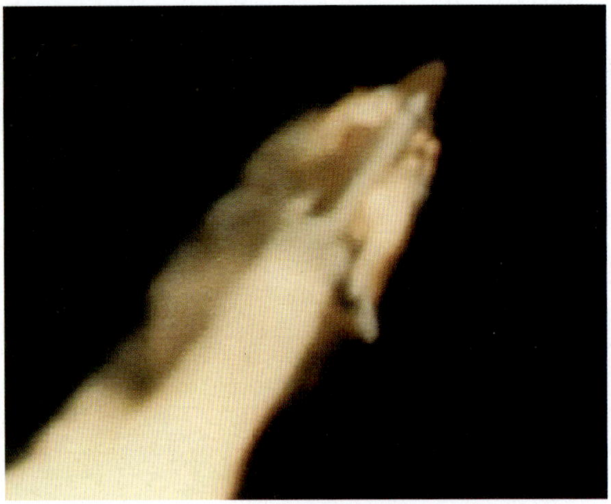

15.3 : दुर्घटना में चैलेंज़र टुकड़ों में बँटता (इंटीग्रेट) हुआ

स्पेस शटल चैलेंज़र का इसके पहले प्रमोचन 22 जनवरी, 1986 के लिए निर्धारित किया गया था। लेकिन इसके पहले के मिशन (प्रीवियस) एसटीएस-61 सी में विलंबन के कारण प्रमोचन तिथि 23 जनवरी तथा बाद में 24 जनवरी कर दी गई। इसके बाद प्रमोचन तिथि में पुनः संशोधन किया गया तथा खराब मौसम के कारण इसे 25 जनवरी कर दिया गया। तमाम समस्याओं और उधेड़बुन के बाद एसटीएस-51 एल के प्रमोचन की तिथि 28 जनवरी, 1986 कर दी गई।

एसटीएस-51 एल का अंतरिक्ष यात्री दल

दुर्घटनाग्रस्त अंतरिक्ष यात्री दल में निम्न सदस्य थे–

1. कमांडर : फ्रेंकिस आर. स्कोबी (जिनकी यह दूसरी अंतरिक्ष उड़ान थी)
2. पायलट : माइकल जे. स्मिथ (जिनकी यह प्रथम अंतरिक्ष उड़ान थी)
3. मिशन विशेषज्ञ-1 : एलिसन एस. ओनीज़ूका (जिनकी यह दूसरी अंतरिक्ष उड़ान थी)

15.4 : स्पेस शटल कोलंबिया की दुर्घटना

15.5 : कोलंबिया शटल (एस.टी.एस. -107) का अंतरिक्ष यात्री दल–(बाएँ से दाएँ) ब्राउन, हसबैंड, क्लार्क, चावला, एंडर्सन, मैकूल, रेमन

4.	मिशन विशेषज्ञ-2	:	जूडिथ ए. रेसनिक (जिनकी यह दूसरी अंतरिक्ष उड़ान थी)
5.	मिशन विशेषज्ञ-3	:	रोनाल्ड ई. मैकनेयर (जिनकी यह दूसरी अंतरिक्ष उड़ान थी)
6.	नीतभार विशेषज्ञ-1	:	एस. क्रिस्टा मैकाफी (केवल अंतरिक्ष उड़ान 'टीचर इन स्पेस', जिनकी यह प्रथम उड़ान थी)
7.	नीतभार विशेषज्ञ-2	:	ग्रेगोरी बी जार्विस (जिनकी यह प्रथम उड़ान थी)

दुर्घटनाग्रस्त चैलेंज़र मिशन के उद्देश्य

इस मिशन के निम्न उद्देश्य थे, जो दुर्भाग्यवश पूरे नहीं हो सके –

(क) अनुवर्तन डाटा रिले उपग्रह-बी (टीडीआरएस-बी) का विकास (जड़त्व ऊपरी स्टेज बूस्टर के साथ)

(ख) खगोलिकी के लिए शटल प्वाइंटेड टूल (स्पार्टन-203) की उड़ान एवं हैली पुच्छल तारा परीक्षण उपकरणों का प्रस्तरण।

(ग) द्रव गतिजता परीक्षण (एफडीई)।

(घ) फेज़ पोज़ीशनिंग परीक्षण (पीपीई)।

(ङ) स्पेस शटल परीक्षणों में तीन विद्यार्थियों की ग्राउण्ड से भागीदारी।

2. स्पेस शटल कोलंबिया की दुर्घटना

स्पेस शटल कोलंबिया (शटल उड़ान एसटीएस-107) की दुर्घटना 1 फरवरी, 2003 इस मिशन के समाप्त होने के कुछ समय पहले घटित हुई जब स्पेस शटल कोलंबिया टैक्सास शहर और ल्यूसियाना के ऊपर पृथ्वी के वायुमंडल में प्रवेश करने के दौरान टुकड़ों में टूट गई और उड़ान के सभी सातों अंतरिक्ष यात्रियों की मृत्यु हो गई। शटल के टूटने से जनित मलवा पृथ्वी पर टैक्सास में (ट्रॉफी क्लब से टाइलर तक तथा ल्यूसीनिया तक) फैल गया। कोलंबिया शटल की क्षति का प्रारंभ प्रमोचन के समय ही प्रारंभ हो गया था, जब शटल के बाह्य टैंक से इंसूलेशन फोम का एक सूटकेश आकार का टुकड़ा प्रमोचन से जनित एयरोडाइनामिक बलों के कारण बाहर निकल गया था। इस टुकड़े ने शटल के बाएँ पंख के लीडिंग छोर को हिट (आघात) किया था तथा इससे स्पेस शटल का तापीय सुरक्षा तंत्र (जो शटल को वायुमंडल में प्रवेश करने के समय जनित भीषण तापक्रम से बचाता है) क्षतिग्रस्त हो गया था। जब कोलंबिया शटल अंतरिक्ष की कक्षा में था, उस समय कुछ इंजीनियरों को इस पर शक भी हुआ था। नासा के डिज़ाइन गणकों के अनुसार बाह्य टैंक से कोई भी फोम अथवा मलबा (डेब्रिस) नहीं निकलना चाहिए जो शटल के अन्य भागों को क्षतिग्रस्त करे। इस प्रकार के मुद्दे मूल रूप से सुरक्षा के मुद्दे थे, जिनका समाधान प्रमोचन के पहले किया जाना था।

स्पेस शटल के प्रमोचनों को 'गो अहेड' सिग्नल देने के लिए इंजीनियरों की टीम इस बात का आकलन किया करती थी कि बाह्य टैंक से निकले फोम के टुकड़े शटल के किसी अन्य भाग को क्षति तो नहीं पहुँचाते हैं तथा ये गणक क्या जोखिम की सीमाओं के अंदर थे, इत्यादि। एसटीएस-112 मिशन के प्रमोचन से पहले के दो प्रमोचनों में बाह्य टैंक के फोम से एक टुकड़ा निकला तथा इसने ठोस रॉकेट बूस्टर-बाह्य टैंक की अटैच रिंग (बाईं ओर के ठोस रॉकेट बूस्टर) को हिट किया तथा इसमें 4 इंच चौड़ा तथा तीन इंच गहरा डेंट पड़ गया था। उस मिशन के बाद इस तरह की परिस्थितियों का विश्लेषण किया गया तथा तद्नुसार सावधानीपूर्ण तरीके अपनाए गए।

कोलंबिया मिशन (एसटीएस-107) की पृथ्वी के वायुमडल में प्रवेश (रीएंट्री) के समय क्षतिग्रस्त जगह (जो बाह्य टैंक के इंसूलेशन फोम के टुकड़े से टकराने के कारण क्षतिग्रस्त हुआ था) से गर्म गैस शटल ऑरबिटर के अंदर प्रवेश कर गई तथा शटल के आंतरिक ढाँचे को ध्वस्त कर दिया तथा इन गैसों के कारण स्पेस शटल व्हीकल टूट गया। टैक्सास, ल्युसीनिया एवं आर्कनसास स्थलों में गहन खोज के बाद अंतरिक्ष यात्रियों के शरीर के अवशेष और स्पेस शटल के अनेक टुकड़े रिकवर किए गए। मिशन एसटीएस-107 स्पेस शटल कार्यक्रम का 113वाँ अभियान था तथा दो वर्ष की लंबी अवधि में पूर्व नियोजित प्रमोचन तिथि 11 जनवरी, 2001 से वास्तविक प्रमोचन तिथि 16 जनवरी, 2003 के बीच इसकी प्रमोचन तिथि 18 बार बदली

गई। वास्तविक प्रमोचन तिथि के एक महीने पहले भी एक अन्य प्रमोचन तिथि (19 जुलाई, 2002) के पहले भी शटल के नोदक वितरण तंत्र में क्रैक आ जाने के कारण प्रमोचन को विलंबित करना पड़ा था।

एसटीएस-107 का अंतरिक्ष यात्री दल

दुर्घटनाग्रस्त कोलंबिया स्पेस शटल का अंतरिक्ष यात्री दल निम्न था –

1. कमांडर रिक डी. हसबैंड, जो कि अमरीकी वायुसेना के कर्नल एवं एक मैकेनिकल इंजीनियर थे। वे उस शटल मिशन (एसटीएस-96) के पायलट थे, जो पहली बार अंतरिक्ष में मीर अंतरिक्ष स्टेशन से जुड़ा था।
2. पायलट विलियम सी मैकूल जो अमरीकी नेवी में कमांडर थे।
3. नीतभार कमांडर माइकल पी एंडर्सन जो अमरीकी वायुसेना के लेफ्टीनेंट कर्नल और एक भौतिक शास्त्री थे तथा इस विज्ञान मिशन के वे इंचार्ज थे।
4. नीतभार विशेषज्ञ इयान रेमन, जो इज़रायली वायुसेना के कर्नल थे तथा प्रथम इज़रायली अंतरिक्ष यात्री थे।
5. मिशन विशेषज्ञ कल्पना चावला, जो कि भारतीय मूल की अंतरिक्ष वैमानिकी इंजीनियर थीं तथा उनकी यह दूसरी उड़ान थी।
6. मिशन विशेषज्ञ डेविड एम ब्राउन, जो अमरीकी नेवी में कैप्टेन थे, जिन्हें एवियेटर के रूप में प्रशिक्षित किया गया था तथा जो फ्लाइट सर्जन थे। ब्राउन ने अनेक वैज्ञानिक परीक्षणों पर काम किया था।
7. मिशन विशेषज्ञ लॉरेल क्लार्क, जो अमरीकी नेवी की कैप्टन तथा फ्लाइट सर्जन थीं। क्लार्क ने अनेक जैविक परीक्षणों पर कार्य किया था।

प्रमोचन के 82 सैकंड के बाद तापीय इंसूलेशन का सूटकेस के आकार का टुकड़ा निकलकर कोलंबिया शटल से टकराया तथा इसने छह से दस इंच का छेद कर दिया था। रिएंट्री के समय गर्म गैसें इसी के अंदर से प्रवेश कर गई थीं।

16

स्पेस शटल से संबंधित कुछ संबद्ध लोगों के साक्षात्कार एवं उद्धरण

स्पेस शटल अंतरिक्ष अन्वेषण इतिहास का सबसे विख्यात और सबसे सक्रिय अंतरिक्ष परिवहन रहा है और इसीलिए इस पर बहुत कुछ लिखा जा चुका है, अनेक महान और संबद्ध लोगों के उद्धरण प्राप्त हुए हैं तथा अनेक विख्यात लोगों ने इस पर अनेक साक्षात्कार दिए हैं। स्पेस शटल की 135 उड़ानें संपन्न हुईं तथा नासा प्रथा के अनुसार प्रत्येक मिशन के अंतरिक्ष यात्रियों का उड़ान के पहले एक प्रीफ्लाइट साक्षात्कार लेने का प्रचलन रहा है और यह पूरा भी किया गया है। इसके अलावा ग्राउंड स्टाफ, ऑपरेशनल स्टाफ पदाधिकारियों ने भी स्पेस शटल के ऊपर अनेक साक्षात्कार दिए हैं तथा अपने विचार व्यक्त किए हैं। इस अध्याय में महत्त्व की दृष्टि से स्पेस शटल के प्रथम कमांडर जॉन यंग (उड़ान संख्या एसटीएस-1, प्रमोचन 12 अप्रैल, 1981, शटल की प्रथम उड़ान), स्पेस शटल की आखिरी उड़ान (एसटीएस-135, प्रमोचन तिथि 8 जुलाई, 2011, वापसी 21 जुलाई, 2011) के कमांडर क्रिस फेर्ग्यूसन तथा पिछले तीन दशकों से रह चुके नासा के प्रमोचन निदेशक माइक लीनबैच के साक्षात्कार दिए गए हैं। इसके अलावा अनेक संबद्ध और विश्वविख्यात अंतरिक्ष हस्तियों के प्रसिद्ध उदाहरण भी इस अध्याय में दिए गए हैं। ये उदाहरण यह बतलाते हैं कि लोग या सामान्य जनमानस स्पेस शटल एवं अंतरिक्ष अन्वेषण के प्रति कितना आकर्षित रहा है।

स्पेस शटल कार्यक्रम से संबंधित कुछ संबद्ध लोगों के नासा के द्वारा लिए गए साक्षात्कार के कुछ अंश

1. पिछले तीन दशकों से नासा के शटल प्रमोचन निदेशक रह चुके माइकल लीनबैच (आखिरी मिशन से पहले का साक्षात्कार)

प्रश्न - आप कैसा महसूस करेंगे जब आखिरी शटल मिशन का प्रमोचन होगा?

लीनबैच - मैं नहीं जानता, मेरा मतलब है कि मैंने इसके विषय में काफी सोचा है। मैं नहीं जानता कि यह कैसा लगेगा। स्पेस शटल डिस्कवरी की आखिरी उड़ान के लिए हमारे पास शटल एंड्यौर और शटल अटलांटीस का एक-एक प्रमोचन था। लेकिन यह अब सत्य है कि शटल कार्यक्रम की दो उड़ानें हैं। इसलिए यह बड़ा आकर्षक दृश्य होने वाला है।

प्रश्न - क्या आप समझते हैं कि इस मिशन की कोई खास बात होगी?

लीनबैच - प्रमोचन अन्य प्रमोचनों की भाँति ही होगा। जब कार्यकर्त्ता कंसोल पर कार्य करते हैं, तो वे इस बात के प्रति बहुत गंभीर रहते हैं कि वे क्या कर रहे हैं। उनके मन में इस बात का ज़रा भी विचार नहीं आता है कि यह शटल की आखिरी (एसटीएस-135) उड़ान है।

प्रश्न - जहाँ तक आपके कार्यक्षेत्र का प्रश्न है, आप बहुत अधिक व्यस्त रहते हैं। क्या आपके पास इसके विषय में कुछ कहने के लिए है।

लीनबैच - फिलहाल तो 'टीसीडीटी' परीक्षण पर काफी निष्कर्ष कार्य करने हैं, लेकिन इस रविवार को मैंने प्रमोचन पैड जाने की योजना बनाई है–यह जानने के लिए कि शटल अटलांटीस (आखिरी उड़ान एसटीएस-135) कैसे दिखती है तथा मैं खुद भी प्रगति से आश्वस्त होना चाहता हूँ।

2. स्पेस शटल कार्यक्रम की आखिरी उड़ान एसटीएस-135 के कमांडर क्रिस फेर्ग्युसन का नासा के द्वारा लिया गया एक प्रीफ्लाइट साक्षात्कार

प्रश्न - स्पेस शटल अटलांटीस (और स्पेस शटल कार्यक्रम) की आखिरी उड़ान के आप एक (चार में से) सदस्य हैं। क्रिस आप बताएँ कि इस उड़ान एसटीएस-135 में आप क्या करने जा रहे हैं।

फेर्ग्युसन - वास्तव में एसटीएस-135 नियोजित मिशन नहीं था, बल्कि यह एक रेस्क्यू मिशन था। इस उड़ान के द्वारा हम बहुउद्देश्यीय लॉजिस्टिक्स मॉड्यूल के माध्यम से 17,000 पौंड भार का कार्गो स्टेशन में डिलीवर करने वाले हैं। हम एक रोबोटिक रीफ्यूलिंग मॉड्यूल भी डिलीवर करेंगे। कुछ स्पेस शटल से संबंधित चीज़ें भी होंगी जो हम वहाँ रखेंगे।

प्रश्न - इस मिशन में कुल अंतरिक्ष यात्रियों की संख्या चार है। इसमें असामान्य क्या है तथा क्या अंतर है?

फेर्ग्युसन - हाँ यह असामान्य बात है। मै समझता हूँ कि ऐसा 80 के दशक के मध्य में एसटीएस-6 मिशन के दौरान हुआ।

प्रश्न - इस बार ही ऐसा क्यों किया गया है?

फेर्ग्युसन - वास्तव में इस मिशन के लिए रेस्क्यू शटल नहीं है।

प्रश्न - लोग जानना चाहेंगे कि स्पेस शटल के आखिरी मिशन का अंतरिक्ष यात्री होने के साथ जिम्मेदारियों का कोई विशिष्ट सम्मान जुड़ा हुआ है।

फेर्ग्युसन - चार सदस्यों के साथ मिशन का कार्य चुनौतीपूर्ण है।

प्रश्न - स्पेस शटल कार्यक्रम किस प्रकार याद किया जाएगा?

फेर्ग्युसन - शटल कार्यक्रम अत्यधिक लचीला है। जब हमने इसे प्रारंभ किया तो अंतरिक्ष स्टेशन दिमाग में नहीं था। मीर अंतरिक्ष स्टेशन कार्यक्रम ने शटल कार्यक्रम को सिद्ध कर दिया है कि यह कितना लचीला है।

प्रश्न - स्पेस शटल युग के आपके यादगार क्षण क्या हैं?

फेर्ग्युसन - इसके लिए मुझे ठीक से सोचना पड़ेगा। इसमें अनेक चीज़ें हैं। लेकिन यदि हमें इंजीनियरिंग चुनौतियों, वास्तविक समय नियोजन तथ्य कि रीयूजेबल अंतरिक्ष यान के रूप में शटल अपने फ्लेक्ज़िबल गुण को कैसे दर्शाती है, तो हमें शटल मिशन एसटीएस-49 पर केंद्रित होना होगा।

3. स्पेश शटल की प्रथम उड़ान (एसटीएस-1) के कमांडर जॉन यंग का साक्षात्कार (17 अप्रैल, 2006 को)

कमांडर जॉन यंग का यह साक्षात्कार 17 अप्रैल, 2006 को स्पेस शटल की उड़ान की 25वीं वर्षगाँठ के उपलक्ष्य में कैनेडी अंतरिक्ष केंद्र में जॉर्ज डिलर के द्वारा लिया गया था। स्पेस शटल की प्रथम उड़ान 12 अप्रैल, 1981 को संपन्न हुई थी।

डिलर - हमें यहाँ पर जेमिनी और अपोलो परियोजनाओं के टैस्ट पायलट और विख्यात अंतरिक्ष यात्री जॉन यंग ज्वाइन कर रहे हैं, जिन्होंने 12 अप्रैल, 1981 को सुबह बॉब क्रिपन के साथ विश्व के प्रथम रीयूजेबल अंतरिक्ष यान (स्पेस शटल) से उड़ान भरकर एक इतिहास का सृजन किया था।

जॉन यंग - मुझे ठीक से नहीं याद है। मैं समझता हूँ कि शायद वर्ष 1978 में किसी समय और उस समय हमें (मैं और बॉब क्रिपन) बताया गया था कि हम 1978 या 1979 की जून में फ्लाई करेंगे।

डिलर - स्पेस शटल के लिए किस तरह की प्री-फ्लाइट टैस्टिंग की गई थी?

जॉन यंग - हम काफी दौड़े तथा केप में अनेक बड़े टैस्ट किए गए जो पहले कभी नहीं किए गए थे। हमारे ऊपर एक इंटीग्रेटेड टैस्ट किया गया जो 27 घंटे चला।

डिलर - अन्य व्हीकल जो आप फ्लाई कर चुके हैं, उनकी तुलना में शटल को फ्लाई करना कैसा लगता है?

जॉन यंग - मैंने केवल यही महसूस किया कि यह एक महान उड़ान थी तथा मैं सौभाग्यशाली था कि बॉब क्रिपन हमारे साथ थे क्योंकि उन्हें एंड टु एंड सॉफ्टवेयर का ज्ञान था।

डिलर - शटल से रॉकिट बूस्टरों के अलग हो जाने के बाद आपको कैसा लगा?

जॉन यंग - ऐसा लगा कि जैसे हम एक ग्लास के अंदर बैठकर उड़ रहे हैं!

डिलर - अंतरिक्ष की कक्षा में स्पेस शटल कोलंबिया की तुलना आप स्पेस कैप्सूल से कैसे कर सकते हैं?

जॉन यंग - इसने वे सभी कार्य किए जिन्हें इसे करना था और बहुत अच्छी तरह किए।

डिलर - स्पेस शटल की प्रथम ऐतिहासिक उड़ान पर आपकी कोई टिप्पणी?

जॉन यंग - मैंने इसका आनंद लिया तथा कैनेडी अंतरिक्ष केंद्र में मिशन के कार्यकत्ताओं के कार्यों की मैं प्रशंसा करता हूँ।

स्पेस शटल के ऊपर कुछ विशिष्ट व्यक्तियों के उद्धरण/उद्गार

1. स्पेस शटल का अंतरिक्ष उड़ान का वही महत्त्व है, जो लिंडबर्ग का व्यावसायिक वैमानिकी (एवियेशन) के लिए था।
   –*आर्थर सी क्लार्क*
2. जो कोई भी विश्व के सबसे विशाल हाइड्रोजन-ऑक्सीजन ईंधन पावरित तंत्र के ऊपर बैठते हैं, यह जानते हुए कि वे बाटम को प्रकाशित करने जा रहे हैं–तथा किंचित् मात्र भी चिंतित नहीं होते हैं, तो इसका मतलब यही हुआ कि उन्हें परिस्थिति की पूरी समझ नहीं है।
   –*जॉन यंग* (स्पेस शटल की उड़ान के प्रथम कमांडर), तथा उनका यह उद्धरण उस संदर्भ में है, जब उनसे पूछा गया था कि क्या प्रथम शटल उड़ान में वे चिंतित थे।
3. आओ, इसका सामना करें! अंतरिक्ष एक जोखिम भरा व्यवसाय है। मैंने हर समय प्रत्येक प्रमोचन को एक नियंत्रित विस्फोट की तरह माना।
   –*आरोन कोहेन,* नासा के पूर्व प्रशासक
4. पावरित उड़ान ने कुल साढ़े आठ मिनट का समय लिया। मुझे ऐसा महसूस हुआ कि जैसे यह तेज़ी से फेंका गया हो। हम कैनेडी अंतरिक्ष केंद्र में एक स्थिर अवस्था में 8.5 मिनट में 17,500 मील प्रति घंटे की गति तक पहुँच चुके थे। यह बात अब भी मेरे मस्तिष्क को झकझोर देती है। मैं अपने साथी अंतरिक्ष यात्रियों की सहायता के लिए ग्राउंड रेडियो के माध्यम से कुछ दिए गए वक्तव्यों को जब याद करता हूँ (जो इस कार्यक्रम में काफी लंबे समय से लगे हुए हैं।) कि इसका इंतज़ार सुखद रहा।
   –*बॉब क्रिपन,* शटल की प्रथम उड़ान (एसटीएस-1) के फ्लाइट इंजीनियर
5. वह सपना अब भी जीवित है!
   –*जॉन यंग* (स्पेस शटल की प्रथम उड़ान के कमांडर), एसटीएस-1 की लैंडिंग के बाद।
6. यह व्हीकल एक चैंपियन की भाँति कार्य करता है।
   –*बॉब क्रिपन,* स्पेस शटल की प्रथम उड़ान के फ्लाइट इंजीनियर।
7. हम में से प्रत्येक व्यक्ति इस बात के प्रति जागरूक है कि यदि आप दैनिक ज़ोखिमों (जिन्हें हम रोज़ सड़क पर ड्राइविंग के समय अथवा व्यावसायिक एयर लाइंसों में देखते हैं) से इसकी तुलना करें, तो लगता है कि इसमें थोड़ा ज़्यादा रिस्क है। राष्ट्रीयता अथवा अंतरिक्ष संस्था से हटकर हम में से प्रत्येक व्यक्ति यह महसूस करता है कि वैज्ञानिक परिणामों की दृष्टि से तथा ब्रह्मांडीय ज्ञानवर्द्धन की दृष्टि से इसके द्वारा जो हम पाते हैं, उसके लिए इस तरह का जोखिम उठाना उचित लगता है।
   –*जर्मन अंतरिक्ष यात्री थॉमस रीटर,* स्पेस शटल की उड़ान एसटीएस-121 के प्रमोचन के कुछ समय पहले 25 जून, 2006 के ह्यूस्टन क्रॉनिकल न्यूज पेपर से।

8. स्पेस शटल कार्यक्रम का अधिक भाग सफल रहा। हम इससे काफी चीज़ें सीख सके कि किस तरह एक पुनः प्रयोज्यीय अंतरिक्ष यान पर्यावरण से इंटरैक्ट करता है, कैसे इसकी एजिंग होती है तथा अगली बार किस तरह इसे बेहतर तरीके से डिज़ाइन किया जाए।
–*एलीन कॉलिंस,* स्पेस शटल की प्रथम महिला कमांडर।

9. निस्संदेह जोखिम अंतरिक्ष उड़ान का एक भाग है। हम उनमें से कुछ को महान लक्ष्यों को प्राप्त करने तथा अपने और ब्रह्मांड के विषय में अधिक जानकारी हासिल करने के लिए स्वीकार कर लेते हैं।
–*लीसा नोवक,* शटल उड़ान एसटीएस-121 की महिला अंतरिक्ष यात्री।

10. हमारे पास ऊपर एक घर है तथा वहाँ जाना हमारा लक्ष्य है और इसके साथ ही साथ पृथ्वी की निम्न कक्षा से निकलकर और आगे जाना भी लक्ष्य है तथा वह शायद इसलिए है कि जिससे हम चंद्रमा पर एक कॉलोनी स्थापित करके उसके बाद मंगल ग्रह को जाएँ।
–*क्रिस फेर्ग्यूसन,* स्पेस शटल की आखिरी उड़ान एसटीएस-135 के कमांडर।

11. अपनी अंतरिक्ष उड़ान के प्रति जो मैं सबसे अधिक याद करती हूँ, वह यह है कि इसमें मुझे बड़ा मज़ा आया। वास्तव में मैं यह भी महसूस करती हूँ कि इतना ज़्यादा मज़ा अपने जीवन में मुझे कभी नहीं आया।
–*सैली राइड,* अंतरिक्ष में जाने वाली (और वह भी पहली बार स्पेस शटल से) प्रथम अमरीकी महिला।

12. वर्ष 1972 में हमने तीन व्यक्तियों को चंद्रमा का अन्वेषण करते हुए देखा। वर्ष 2002 में हमने तीन व्यक्तियों को पृथ्वी की परिक्रमा करके रिपेयर कार्य करते हुए देखा।
–*रिचार्ड फीनबर्ग,* स्काई एंड टेलीस्कोप पत्रिका संपादकीय, दिसंबर 2002 में आखिरी चंद्र लैंडिंग के 30 वर्ष बाद की कहानी।

13. कुछ चीज़ें अद्‌भुत होती हैं, जो विचित्र तरीके से चिड़ियों के डिज़ाइन में छिपी होती हैं और उन्हें बिना किसी नई पीढ़ी के अंतरिक्ष यान के डिज़ाइन से और बेहतर नहीं बनाया जा सकता है। यह स्पेस शटल के लिए उतना ही सत्य है जैसा आपके टोस्टर ओवेन के लिए सच है।
–*माइकल ग्रिफिन,* नासा के पूर्व प्रशासक, स्पेस शटल की उड़ान एसटीएस-114 के प्रमोचन के समय शटल सुरक्षा के ऊपर बोलते समय।

14. कुछ कहते हैं कि हमें अंतरिक्ष अन्वेषण बंद कर देना चाहिए, क्योंकि मानव जीवन की कीमत बहुत ज़्यादा होती है; लेकिन कोलंबिया के अंतरिक्ष यात्री दल को यह स्वीकार्य नहीं था। हम एक रोचकता और कौतूहल भरी प्रजाति हैं, जो हर समय यह जानने में तल्लीन रहते हैं कि अगली पहाड़ी के अंदर क्या है, अगले कोने में क्या है, अगले उपद्‌वीप में क्या है और इस प्रकार की प्रवृत्ति हम हज़ारों वर्षों से पाले हुए हैं।
–*स्टुआर्ट एटकिंसन,* न्यू मार्स, 7 मार्च, 2003

15. लक्ष्य तक जाने के लिए रास्ते का महत्त्व रास्ते से कहीं ज़्यादा होता है। हम लक्ष्य तक तो जा ही रहे हैं, लेकिन हम रास्ते का भी आनंद उठा रहे है।

–इज़रायली वायुसेना के *कर्नल इयान रैमन,* जिन्होंने अपनी शटल उड़ान एसटीएस-107 (जो 1 फरवरी, 2003 को वापसी में दुर्घटनाग्रस्त हो गई थी) के प्रमोचन से पहले रिपोर्टरों से बात करते समय कही।

16. माइक! आओ, हम इस प्रकाश को एक बार और जलाएँ तथा इस महान देश को सर्वोत्तम स्थान पर देखें।

–*क्रिस्टोफर फेर्ग्यूसन* (स्पेस शटल की आखिरी उड़ान के कमांडर) जो बात उन्होंने प्रमोचन निदेशक माइक लीनबैच से कही, 8 जुलाई, 2011।

17. कोलंबिया स्पेस शटल की चौथी लैंडिंग ऐतिहासिक समतुल्यता की दृष्टि से वैसे ही थी जैसे सोने की रेल रोड की स्थापना की। यह हमारे नए युग के प्रवेश द्वार को दर्शाता है।

–राष्ट्रपति *रोनाल्ड रीगन,* जुलाई 1982 में स्पेस शटल की उड़ान एसटीएस-4 की आखिरी टैस्टिंग के समय बोलते हुए।

18. आपके माध्यम से हम अपने को एक बार फिर से महान महसूस कर रहे हैं!

–राष्ट्रपति *रीगन,* स्पेस शटल की प्रथम ऐतिहासिक उड़ान की वापसी के समय अंतरिक्ष यात्रियों को संबोधित करते समय, 17 अप्रैल, 1981।

19. जब आप तारों और आकाशगंगाओं की ओर देखते हैं, तो आप महसूस करते हैं कि आप किसी विशेष भूस्थल से नहीं हैं, बल्कि सौरतंत्र से हैं।

–*कल्पना चावला,* मिशन विशेषज्ञ, शटल मिशन एसटीएस-107 (जो 1 फरवरी, 2003 को दुर्घटनाग्रस्त हो गया था)।

17

स्पेस शटल का मानव कल्याणकारी स्वरूप

पिछले तीन दशकों से भी अधिक अवधि तक स्पेस शटल अमरीकी अंतरिक्ष कार्यक्रम का कॉर्नर स्टोन रहा है तथा यह विश्व का एकमात्र अकेला पुनः प्रयोज्यीय अंतरिक्ष यान था। अंतरिक्ष अन्वेषण के इतिहास में यह प्रथम अंतरिक्ष यान था, जो पृथ्वी की कक्षा में विशालकाय कार्गो जैसे उपग्रह, अंतरिक्ष यानों के अवयव (पृथ्वी से अंतरिक्ष में तथा अंतरिक्ष से पृथ्वी में) स्थानांतरित करने की क्षमता रखता था। अंतर्राष्ट्रीय अंतरिक्ष अन्वेषण 'अल्फा' के निर्माण चरण (अंतरिक्ष की कक्षा में) में स्पेस शटल ने विश्व के सबसे विशालकाय और उच्च तकनीकी से लैस स्थानांतरण व्हीकल के रूप में काम किया जिसके द्वारा उपकरण एवं आपूर्तियाँ विश्व के इस महान अंतरिक्ष प्लैटफॉर्म तक पहुँचाई जा सकी।

विश्व के इस सबसे उच्च कोटि के अंतरिक्ष परिवहन के निर्माण हेतु विकसित तकनीकों का उपयोग विश्व में अनेक क्षेत्रों में जनकल्याण कार्यों के लिए किया जा रहा है; जैसे–मैडिकल, परिवहन, उद्योग इत्यादि। स्पेस शटल के लिए विकसित 100 से भी अधिक डॉक्यूमेंटेड तकनीकों का प्रयोग आज अनेक उपकरणों में किया जा रहा है, जिनका हम रोज उपयोग करते हैं। इन तकनीकों का उपयोग भोजनों में किया जा रहा है, जो हम खाते हैं, तथा हमारे स्वास्थ्य को अच्छा रखने के लिए बायो-तकनीकी और मैडिसिन क्षेत्र में किया जा रहा है।

नासा के पूर्व प्रशासक डेनियल एस गोल्डिन के अनुसार, अंतरिक्ष कार्यक्रमों से भूतकाल में प्राप्त जिन लाभों (ग्लोबल उपग्रह संचार से डिस्पोजेबल डायपर्स तक) को हम ग्रांटेड मानकर चलते हैं, वे अंतरिक्ष तकनीकों के ऊपर किए गए इनवेस्टमेंट का ही परिणाम है। इस संदर्भ में स्पेस शटल का मिशन कोई अलग बात नहीं है। स्पेस शटल मिशन का प्रमुख लक्ष्य स्पेस फ्रॉन्टियर को खोलने का था, लेकिन इसने स्पेस शटल के लिए की गई खोजों से आपके जीवन को भी लाभान्वित किया और आपकी जीवन शैली को उच्च कोटि का बना दिया है।

स्व. राष्ट्रकवि रामधारी सिंह दिनकर ने अपने रश्मिरथी महाकाव्य में दानवीर कर्ण के वक्तव्य को (जो उसने इंद्र से कहा था) इस प्रकार लिखा है, ''तेजस्वी सम्मान खोजते नहीं गोत्र बतलाके। पाते हैं जग में प्रशस्ति अपने करतब दिखलाके।'' इस भावना को स्पेस शटल ने अपने 30 वर्ष के जीवन में

जीवंत करके दिखा दिया है। स्पेस शटल के लिए विकसित तकनीकों का प्रयोग आज पृथ्वी में अनेक जनकल्याण कार्यों के लिए किया जा रहा है। स्पेस शटल के टर्बो पंप की तकनीकी पर आधारित एक हृदय पंप बनाया गया है, जो छह महीने तक हृदय के विकल्प के रूप में काम कर सकता है तथा यह उनके लिए अत्यंत उपयोगी है जो हृदय 'डोनर' की प्रतीक्षा कर रहे हैं।

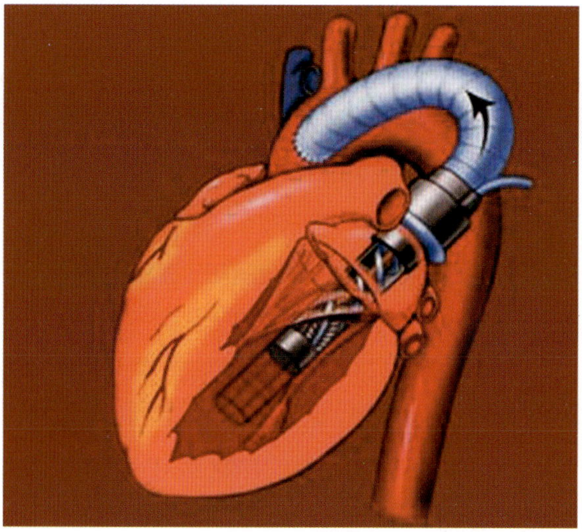

17.1 : स्पेस शटल तकनीकी पर बनाया गया हृदय पंप

स्पेस शटल के तापीय बचाव तंत्र में प्रयुक्त द्रव्य का उपयोग नैस्कार रेस कारों में किया जा रहा है, जो ड्राइवरों को इंजन के भीषण ताप से बचाता है। शटल में हाइड्रोजन गैस के लीकेज का संसूचन करने के लिए प्रयुक्त गैस डिटेक्टर का प्रयोग आज फोर्ड मोटर कंपनी के द्वारा गैस पावरित कारों के निर्माण में किया जा रहा है। शटल के लिए विकसित डायग्नोस्टिक उपकरणों के द्वारा पृथ्वी में कॉम्पैक्ट मैडिकल प्रयोगशालाएँ बनाई गई हैं। स्पेस शटल में मैडिकल अनुसंधान के लिए विकसित 'बायोरिएक्टर' का उपयोग पृथ्वी में अंतरिक्ष पर्यावरण सिमुलेट करके विभिन्न प्रकार की औषधियों के निर्माण में किया जा रहा है। शटल के लिए विकसित इंफ्रारेड कैमरों का उपयोग फायर फाइटरों के द्वारा गर्म स्थलों की पहचान के लिए किया जा रहा है। सुदूरस्थ तारों और ग्रहों के तापक्रम मापन के लिए विकसित (शटल के लिए) इंफ्रारेड थर्मामीटर का उपयोग हैंड हेल्ड प्रकाशिकी संवेदक थर्मामीटर के रूप में किया जा रहा है। स्वर्णकारों के लिए स्पेस शटल की हीट शील्डें काफी उपयोगी हुई हैं तथा वे अब 1,400 डिग्री फारेनहाइट तक स्वर्णकार टॉर्च से काम कर सकते हैं। शटल के प्लांट ग्रोथ परीक्षण के लिए विकसित विशिष्ट लाइटिंग तकनीकी का प्रयोग बच्चों के मस्तिष्क ट्यूमर के इलाज के लिए किया जा रहा है। ऑर्थोपेडिक उपकरण उद्योग की प्रार्थना पर स्पेस शटल के बाह्य टैंक में प्रयुक्त फोम इंसूलेशन से कृत्रिम टाँगों के मोल्ड बनाये जा रहे हैं। यह फोम हल्का, मज़बूत तथा आसानी से परिवहनीय है। रेस्क्यू टूल्स भी स्पेश शटल की देन हैं तथा हम सब इसके ऋणी हैं। शटल का व्हीकल अनुवर्तन तंत्र पृथ्वी में अनेक जगहों पर प्रयोग में लाया जा रहा है।

स्पेस शटल के बाह्य भाग में हजारों की संख्या में हीट शील्ड लगी रहती थी तथा इनकी पहचान, अनुवर्तन एवं रिकॉर्ड रखने के लिए एक लेबलिंग तंत्र विकसित किया गया था, जो इन हीट-शील्ड टाइलों के ऊपर लगा दिया जाता था। यह लेबलिंग इस प्रकार की होती थी कि वापसी में जब स्पेस शटल को भीषण गर्मी से गुजरना पड़ता था तो यह नष्ट नहीं होती थी। आज इस लेबलिंग तकनीकी का प्रयोग

विभिन्न मॉल सेंटरों एवं व्यावसायिक घरानों में उत्पादों की लेबलिंग में किया जा रहा है। इसे 'बार कोड' भी कहते हैं।

स्पेस शटल तापीय इंसूलेशन के लिए विकसित विशिष्ट प्रकार के फोम का प्रयोग आज एयरोस्पेस, मैरीन और औद्योगिक उत्पादों में किया जा रहा है। चूँकि यह अग्नि प्रतिरोधी भी है इसलिए इसका उपयोग फायर बैरियर पैकेजिंग और अन्य स्थलों पर किया जा रहा है जो जटिल पर्यावरण में उपयोगी होते हैं। उदाहरणार्थ इन फोम उत्पादों का उपयोग वायुयान फ्रेम निर्माताओं, जैसे बोइंग, लॉकहीड मार्टिन एवं एयर बस उद्योग कंपनियों के द्वारा किया जा रहा है।

स्पेस शटल के लिए एक पावरफुल जेट स्ट्रीम तकनीक विकसित की गई थी, जिसका प्रयोग स्पेस शटल के ठोस रॉकेट बूस्टरों का पेंट हटाने के लिए किया जाता था। इस वाटर जेट का व्यावसायिक उपयोग टरबाइन इंजन के अवयवों, एयर फ्रेम अवयव, विशालकाय एयरोस्पेस हार्डवेयर, जलपोत और अन्य मैकेनिकल युक्तियों के ट्रीटमेंट में किया जा रहा है।

प्रतिबिंब प्रोसेसिंग तकनीक का विकास स्पेस शटल के प्रमोचन वीडियो का विश्लेषण करने तथा मौसम विज्ञानी प्रतिबिंबों का अध्ययन करने के लिए किया गया था। आज इस तकनीक का प्रयोग कानून व्यवस्था लागू कराने वाली (लॉ एनफोर्समेंट) संस्थाओं के द्वारा एवं अपराधों की गुत्थी सुलझाने वाली संस्थाओं के द्वारा किया जा रहा है। यह तकनीक मैडिकल प्रतिबिंबन, वैज्ञानिक उपयोगों एवं होम वीडियो में भी उपयोगी पाई गई है।

वह रॉकेट ईंधन जिसके द्वारा स्पेस शटल का प्रमोचन किया जाता है, उसका उपयोग आज लैंड माइनों को नष्ट करके अनेक जीवनों को बचाने के लिए किया जा रहा है। जब स्पेस शटल से यात्रा करके अंतरिक्ष यात्री पृथ्वी पर वापस लौटते हैं, तो उनके शरीर के स्थायित्व (इक्वीलिब्रियम) के मापन के लिए एक विशिष्ट प्रकार की युक्ति (डिवाइस) का प्रयोग किया जाता है। आज इस युक्ति का प्रयोग सिर की चोट, स्ट्रोक, क्रॉनिक डिज़ीनेश एवं केंद्रीय स्नायुतंत्र के डिसऑर्डर से पीड़ित मरीज़ों के इलाज के लिए किया जाता है।

चंदू प्रेस, दिल्ली-110092 द्वारा मुद्रित